良い ウェブサービス を支える 「利用規約」 の作り方

【改訂第3版】

Miki Amemiya　　Genichi Kataoka　　Takuji Hashizume

雨宮美季＋片岡玄一＋橋詰卓司［著］

技術評論社

はじめに

　ウェブサービスやスマートフォンアプリで成功するために必要なことはなんだと思いますか？

「ライバルよりも早くリリースすること」
「オンリーワンのコンテンツであること」
「使いやすいUIが備わっていること」

　たしかに、これらの要素は、いずれも成功を勝ち取るために重要な「武器」であることはまちがいないでしょう。

　しかし、ユーザーとの間でトラブル・訴訟が発生した場合には、これらの「武器」だけでは、成功への道を進むことはできません。ウェブサービスやアプリを大きく成長させるためには、「防具」を使いこなして、上手に守ることもまた重要なのです。そして、本書が取り上げている利用規約は、強力な「防具」となりうる存在です。

　もっとも、利用規約という「防具」をしっかりと機能するように作るのは、実は簡単なことではありません。なぜなら、サービスやアプリの内容によって考慮しなければならない要素が多種多様であるから、そして何より、利用規約の作り方についてのまとまった情報が驚くほど少ないからです。現状では、プログラミング言語の解説や、サーバ構築に関するノウハウ、クラウドサービスの利用方法などの情報と比べると、利用規約に関する情報は、質の面でも量の面でも、雲泥の差です。

　その一方で、弁護士に依頼したり法務担当者を採用することにあまり積極的でないスタートアップ・中小企業などでは、しばしば、先行する類似ウェブサービスの利用規約を、その意味も理解しようとせずに、そのまま文言だけパクってリリースしてしまうという光景をよく目にします。

　その結果、利用規約の内容が不適切であったり、トラブルをスムーズに解決できなかったために、せっかくリリースしたサービスを継続できなくなってしまうことも実際に少なからず起こってしまっています。そのような悲劇は、きっとこれからも繰り返されてしまうことでしょう。これはあまりにもっ

たいないことです。

　私たちは、このような状況を打破する第一歩として「この1冊を読めば、利用規約について検討すべきことがひととおりわかる」、そんなエンジニアや経営者のためのガイドブックを作りたいと考え、本書を書きました。

　本書のタイトルは『良いウェブサービスを支える利用規約の作り方』ですが、本書のコンテンツは、文字どおりの「利用規約」を中心としながら、以下の情報もできるだけ盛り込んでいます。

- サービスを通じてプライバシー情報を取り扱う際に重要となる「プライバシーポリシー」
- 有償でサービスを提供する際に表示すべき「特定商取引法に基づく表示」
- ウェブサービスに関する法規制の必須知識

　1章では、これらを含む利用規約の概要がつかめます。

　2章では、起業家と弁護士の相談を例に、より具体的なポイントを押さえていきます。また、ハマってしまいがちな落とし穴・注意点までフォローしています。

　3章では、利用規約・プライバシーポリシー・特定商取引法に基づく表示のひな形をベースにして、2章で学んだポイントを実践するための具体的な方法がわかります。

　本書は「法律の条文にはこう書いてある」をスタート地点とする法律書と違い、「ウェブサービスにおいてトラブルはこういう場面で起こる」をスタート地点にしています。このスタンスは、執筆者、つまり、多くのベンチャー企業の支援を通じてウェブサービスに関するリーガルサポートを数多く手がけている弁護士と、スタートアップ企業から上場企業までさまざまな規模・業態の企業でウェブサービスの運営をサポートしてきた法務担当者2人が、その経験をもとに、「ウェブサービスを安全に・円滑に運営するために本当に気を配る必要のある事項」をピックアップすることで可能になりました。

　もし、私たちが、この本を手にした方から「特に重要な場所を教えて」と尋ねられても、うまく答えることができないと思います。それほどに、本書に書かれている内容は、どこも、すべて、例外なく重要なものであると考えています。

本書を手に取った方が作り上げたウェブサービスやアプリが無事リリースされ、成長し、そして多くの人に愛される。

　そんなストーリーを、本書を通じて少しでもお手伝いすることができたとしたら、私たちにとってこれ以上の喜びはありません。

第3版によせて

　本書初版から 11 年、第 2 版に当たる改訂新版の発行から早くも 5 年が経過しようとしています。この間も、個人情報保護法・著作権法・消費者契約法など、ウェブサービスを提供する事業者であれば知っておくべき法令の改正が重ねられてきました。

　そうして法規制がだんだんと複雑になる一方で、ビジネスに求められる対応スピードやユーザーニーズはますます速く・高レベルなものになっています。そのような環境の変化から、ウェブサービスにおける利用規約が話題になることも増え、主に法律家に向けて利用規約・プライバシーポリシーの法的ポイントを解説する優れた書籍が、この数年間で複数冊発行されるまでになりました。

　しかし、そうしたプロ向けの専門書ではなく、エンジニア・経営者といったウェブサービスを生み出し・運営している当事者のみなさまに向けて、「この 1 冊を読めば、利用規約について検討すべきことがひととおりわかる」ようになっていただくことを目指して書いた本書にも、まだ一定の役割があるのではないか。そのような思いから、本書の第 3 版を発行させていただくことになりました。

　今回、最新の法改正を反映するだけでなく、複雑化する規制を読者のみなさまに身近なものとして理解いただけるよう、中心となる 2 章「ある起業家から弁護士への相談」で取り上げる仮想のビジネスケースとそれに基づく解説を大幅に見直しました。これにより、

- パーソナルデータの取扱いに関する規制の変化
- 事業者を免責しようとする契約条件に対する法的制限の強化
- AIをビジネス利用する際に気をつけるべき知的財産権の処理
- SaaS・サブスクリプションモデル採用時における利用規約作成の注意点

といった新しい論点について、できるだけ網羅的に対応しています。なお、本書の読者層であるエンジニア・経営者に、できるだけコンパクトに「まずはこれだけ」をポイントを絞ってお伝えしようという本書の目的から、従前あった英文版ひな形の掲載は見送らせていただきました。

　インターネットに高速接続できる回線・端末が普及し、2020年以降のコロナ禍を経て、遅れていた行政手続きのデジタル化もようやく進みつつあります。こうしてウェブが一般市民にとってのインフラになると、その上でサービスを展開する事業者への法的な義務は増えこそすれ、今後も減ることはなさそうです。そのような厳しいビジネス環境にもひるまず、新しいウェブサービスを生み出そうとするみなさまにとって、引き続き本書が一助となることができればと思います。

雨宮美季、片岡玄一、橋詰卓司

2章
トラブルを回避するための
注意点と対処法

3章
すぐに使えて
応用できるひな形

1章

3大ドキュメント 超入門

01

5つの疑問から読み解く「利用規約」ホントのところ

普段、ユーザーとして接しているときには気にもとめなかった利用規約。しかし、ウェブサービスを自分で作る・運営する立場となると、とたんにさまざまな疑問が湧いてくるものです。

- **文字や表の羅列にしか見えない利用規約に、どれだけの意味が隠されているのだろう?**
- **利用規約をきちんと作ると、いったいどんなメリットがあるのだろう?**

それを理解し、だれか任せではなく、自分自身の手で利用規約を作ってみたくなるところまで、みなさんをモチベートしたいと思います。

1 なぜユーザーに読まれないのか?

みなさんは、新しいウェブサービスを使い始めるにあたって、利用規約を読んでいますか?

多くの人は「読んでみよう」とすら思わないのではないでしょうか。

では、なぜ多くの人は利用規約を読まないのでしょうか?

ひと言で理由をいえば「面倒だから」、ということにつきると思いますが、ここではもうちょっと突き詰めて、「何が面倒なのか」を考えながら、利用規約の課題を抽出してみましょう。

とにかく長い

ためしに、検索エンジンに「利用規約」と入力して検索してみます。2024 年 1 月現在、検索結果のトップページには LINE ヤフーや Google など著名なウェブサービスの利用規約が並びました。

みなさんもすでに見たことがある利用規約かもしれませんが、あらためて、どこかクリックして開いてみましょうか。

——はい。やっぱり長いですね。

このように、ウェブサービスに関する利用規約の第一印象として、まず「長い」が真っ先に挙げられると思います。

もうちょっと具体的に、たとえば Google の利用規約を見てみましょう[1]。「Google 利用規約」だけで、12,804 文字。それとは別にプライバシーポリシーが 15,400 文字もあります。Google が提供するさまざまなサービスをすべて使うためには、最低でも 400 字詰め原稿用紙約 70 枚分もの長さの文書を読まなくてはならないのです。原稿用紙 1 枚あたり 1 分の速さで読んだとしても、1 時間以上の時間を費やさなければならない計算となります。

難しい・読んでも意味がわからない

次に挙げられるのが、法律・契約独特の言葉づかいや用語の難しさです。例として、「楽天トラベル」の利用規約を見てみましょう[2]。

第 5 条(インターネットによる旅行条件書等の交付)

当社は、旅行業法第 12 条の 4 第 2 項に定める取引条件の説明書面および同法第 12 条の 5 第 1 項に定める契約内容を記載した書面の交付に代えて、同法第 12 条の 4 第 3 項および同法第 12 条の 5 第 2 項の定めに基づき、以下のいずれかの方法により、これら書面に記載すべき情報を利用者に提供することができるものとし、利用者はこれを予め承諾する。

1 https://policies.google.com/terms?hl=ja
2 https://travel.rakuten.co.jp/info/agreement.html

(1)利用者が予約するに際し、「楽天トラベル」における所定のサイトに
　　掲示する方法
(2)電子メールにより利用者が登録したメールアドレスに送信する方法

　旅行業法を暗記している方がいないであろうことはもちろん、一度で
も読んだことがある方ですらまれかと思いますが、この規定でリンクさ
れている旅行業法第12条の5には、以下のような記載があります。

（書面の交付）
第12条の5　　旅行業者等は、旅行者と企画旅行契約、手配旅行契約
その他旅行業務に関し契約を締結したときは、国土交通省令・内閣府
令で定める場合を除き、遅滞なく、旅行者に対し、当該提供すべき旅
行に関するサービスの内容、旅行者が旅行業者等に支払うべき対価に
関する事項、旅行業務取扱管理者の氏名その他 の国土交通省令・内閣
府令で定める事項を記載した書面又は当該旅行に関するサービスの提
供を受ける権利を表示した書面を交付しなければならない。
2　旅行業者等は、前項の規定により書面を交付する措置に代えて、
政令で定めるところにより、旅行者の承諾を得て、同項の国土交通省令・
内閣府令で定める事項を通知する措置又は当該旅行に関するサービス
の提供を受ける権利を取得させる措置であつて国土交通省令・内閣府
令で定めるものを電子情報処理組織を使用する方法その他の情報通信
の技術を利用する方法であつて国土交通省令・内閣府令で定めるもの
により講ずることができる。この場合において、当該旅行業者等は、
当該書面を交付したものとみなす。

※下線は筆者によるものです。

　簡単にまとめると、この法律の条文には、以下のことが定められてい
ます。

・本来は旅行業法第12条の5第1項（前半の規定）により、旅行サービスの権利書面を旅行者に交付することが旅行業者等に義務づけられている
・しかし、第2項（後半の規定）により、「旅行者の承諾を得て」電子情報処理組織を使用（インターネットメールやWebページによって画面に表示することをいいます）すれば、書面を交付しなくてもよい

　楽天は、この法律の規定を利用し、書面発行手続きを省くために、「楽天トラベル」利用規約第5条の「利用者はこれを予め承諾する」の文言により、旅行業法第12条の5第2項の「旅行者の承諾を得て」、つまりユーザーが書面不要の同意をしたことにして、書面を発行しないで済むようにしていると考えられます。インターネットで受け付けているのに、わざわざ書面を発行していては、時間もコストもかかるからでしょう。
　楽天トラベルのユーザーの中には、

「本当は書面が欲しいのに、どうしてそれをもっとわかりやすく説明して、ユーザーに選択権を与えてくれないんだ！」

と不満に思う方もいらっしゃるでしょう。しかし、上記のような難しい・読んでも意味がわからない利用規約を目にしたユーザーは、こういった事情もわからないままに、「旅行業法とか調べるのもめんどくさいし、何を言ってるか言葉もわからないから、いいや」と、利用規約に同意をしてしまうかもしれません。

2 読まれないのに、なぜ必要なのか？

　「長くて難しくて面倒くさがられたあげく、ほとんど読まれないのなら、いっそのこと、利用規約を作らずにウェブサービスを開始してもかまわないんじゃないのか？」

そう思いたくもなるところですが、現実にリリースされているウェブサービスを確認すると、そこには必ずといっていいほど利用規約が存在します。それがたとえ、立ち上がったばかりのベンチャーが運営する、小さなウェブサービスであっても。

では、「ほとんどのユーザーが読まない」とわかっているにもかかわらず、なぜウェブサービス事業者は利用規約を作っているのでしょうか。これについて、少し整理してみましょう。

クレーム対応の際の話し合いの土俵を作っておくため

多くのウェブサービス事業者がそろえて口にするのがこの理由です。何か障害・トラブルが発生し、クレームになったときに、サポート対応担当者の"唯一の防具"となるのが利用規約なのです。

サービスが軌道に乗ってくると、事業者としては想定もしていなかった方法でサービスを利用するユーザーも出現します。また、多くのユーザーが、（ときには自分の勝手な）期待と、現実のサービスとのギャップについて、メールや電話で苦情をぶつけてくることも増えてきます。

たとえば、「自分で書いたイラストを公開する場」として画像の公開機能を用意した場合に、「ユーザーが好きな漫画家の漫画を無断でアップロードしてしまう」といった権利侵害行為を完全に防ぐことはほぼ不可能です。とはいえ、事業者としては、当然そのような権利侵害行為を放置しておくわけにはいかないのですが、そんなときに、

「利用規約第〇〇条の禁止事項の 35 号をご覧いただけますでしょうか。ここに『他人の権利を侵害しまたは他人の迷惑となるよう投稿、掲載、開示、提供または送信（以下これらを総称して「投稿など」といいます）する行為』を挙げております。お客様の投稿は、これに抵触しているものと当社は判断し、第××条に従い、投稿を削除させていただきました。」

と通知できれば、削除したことについてクレームを受けても、たいてい

のユーザーには引き下がってもらえます。

　ウェブサービスは、技術力さえあれば、１人で立ち上げて、何万人ものユーザーに便利なツールを提供したり、楽しませたりすることができます。一方で、ひとたび不満を感じさせれば、何百人ものユーザーを敵に回し、謝罪やクレーム対応に追われるリスクもあります。

　そうなったときに、説明するための「文章」や「寄って立つ基準」がないと対応に手間や時間がかかり、多くのカスタマーサポート要員が必要になってしまいます。ウェブサービスを最小の人員とコストで運営するためには、利用規約が不可欠になるのです。

法律で定められたデフォルトルールが不利に働かないようにするため

　たとえば、あなたが東京で、セレブ向けの高級な輸入ワインだけを扱う情報提供型Ｅコマースサイトを立ち上げて、利用規約がない状態でサービスを提供したとします。

　「ニッチだけれど、セレブ向けには受けるはず」というあなたの野生の勘もむなしく、全国で50人足らずしか会員が集まらず、しかも輸送中の破損などのトラブルも思いのほか高い頻度で発生し、商売が成り立たなくなってきました。

「ああ、もう疲れたな。このサービスも閉じよう」

　創業から１年経ち、そんな悲しい決断をしたあなたに、「商品を発送してしまったにもかかわらず、カード決済ができなかった」というトラブルが発生しました。

　普段は決済後に発送することを徹底していたのでカード決済ができなくても損害は発生していなかったのですが、そのユーザーは大阪にお住まいの数少ないお得意様の一人。

　しかも、「接待のために、ボルドーの高級ワインを至急取り寄せたい」

との要望をメールで受け取ったため、ついつい「決済前に発送する」というイレギュラーな対応を取ってしまったのです。

そのワインの金額は、25万円×6本で150万円。決済できないことがわかってすぐ連絡したのですが、のらりくらりと言い訳を繰り返し、その後音信不通に。もしこのままワインの代金を支払ってもらえないとなると、代金の支払いか、少なくともワインの返品を求めて、訴訟も検討せざるを得ない金額です。

ところがこのようなケースにおいて、あなたが支払いを求める訴訟を起こせる場所は、民事訴訟法のデフォルトルールによれば大阪地方裁判所になってしまいます。訴訟対応のために大阪に弁護士とともに出向く費用を考えると、首尾よく回収できたとしても赤字になってしまうかもしれません。利用規約に裁判管轄の条項を設定し、その利用規約に対する同意を取得していれば、東京で訴訟手続きを進めることができました。しかし、後悔しても後の祭りです。

③ 事業者にとって都合のいい内容にしてしまって大丈夫なのか?

ここまでの説明で、なぜほとんどのウェブサービスが利用規約を用意しているかはご理解いただけたのではないかと思います。

しかし、利用規約を作ったとしても、私たちの多くが今までそうしているように、「ほとんどのユーザーは、利用規約を読まずにサービスを使っている」という現実もあります。公正取引委員会の調査によれば、「SNS等の利用規約をどの程度読んでいるか」という質問に対し、「全部読んでいる」と答えた回答者は11.9%に過ぎません。[3]

さて、事業者としては、このような「ほとんどのユーザーが利用規約を読まない」という現実を放置し、好き勝手に事業者に都合のいい利用規約を作っていても大丈夫なのでしょうか?

---

3 公正取引委員会「デジタル・プラットフォーム事業者の取引慣行等に関する実態調査（デジタル広告分野）について（最終報告）」2021年2月17日
https://www.jftc.go.jp/houdou/pressrelease/2021/feb/210217.html

読まずに同意しても、ユーザーに一方的に不利な条件は無効になる

　結論を先に言うと、ユーザーが利用規約をまったく読まずに同意したとしても、そこに理不尽な条項があった場合、「消費者契約法」という法律によって、その多くが無効となります。その結果として、最終的にはユーザーが守られることになります。たとえば、

「当社は、ユーザーが本サービスを利用して生じた損害に関し、一切の責任を負いません」

といったような一方的な免責文言などは、BtoC のウェブサービスでは消費者契約法によって無効にされる条項の代表例です。

　これに限らず、企業が欲張って自社に圧倒的に有利な、またはサービス上の責任を負わない旨の条件を並べても、法律上は意味のない利用規約となってしまう可能性があるのです。

法律は「自動的には」守ってくれない

　ただし、ユーザーが利用規約に一方的な条件が設定されていたことに後で気づいて、「こんな利用規約は消費者契約法で無効だ！」とクレームをつけたところで、法律が自動的に利用規約の条件を変えてしまうわけではありません。

　もちろん、ウェブサービス事業者がユーザーのクレームを「もっともな主張だ」と捉えて、自発的に利用規約を修正する場合は別です。しかし、ウェブサービス事業者が「自分たちは消費者契約法違反だとは考えていない」と反論した場合には、法律の定める手続きに則った決着、すなわち、ユーザーが弁護士費用などを負担して訴訟を起こし、裁判所から「この利用規約の第〇条は消費者契約法により無効」という判決のお墨付きをもらわなければなりません。

企業が不平等条約のような利用規約を一方的に設定し、かつその内容に対するクレームにも応じないのは、「どうせ、個人が企業に利用規約の無効を主張するような訴訟を起こすことはないだろう」と高をくくるだけの、こういった事情が背景にあるのも一因なのです。

有利な立場を振りかざし過ぎない

　クレーム対応を容易にし、ビジネスを円滑に進めるために、法令上のデフォルトルールを消費者契約法等に反しないギリギリのラインで有利に変更するのが「賢いウェブサービス事業者」である。そんなスタンスで利用規約を作成する事業者も、少なからず存在しているようです。

　しかし、中にはウェブサービスを利用する前に、利用規約をしっかりと読むユーザーがいることも忘れてはなりません。近年は、消費者団体から企業に対する規約修正の申入れも活発化しています。訴訟にまで発展しないとしても、過度にウェブサービス事業者に有利な条件が不興を買い、バッシングされ、企業としての評判を下げる例は、日本においても枚挙にいとまがありません。

　利用規約に対する悪評がウェブ上で取り上げられると、恐ろしい速さで広がっていきます。いわゆる「炎上」という状態です。このような状態になってしまうと、利用規約だけの問題にとどまらず、「ウェブサービスを使わない」という選択肢をとるユーザーも少なからず出てきてしまいます。

　利用規約の作成にあたっては、ユーザーからこのような形で最後通牒をつきつけられないよう、有利な立場を振りかざし過ぎず、適度なバランスを追求するようにしましょう。

4　どのように作ればいいのか?

　話を少し戻して、利用規約の「作り方」を見ていきましょう。細かい法律的知識や注意点は後ほどひな形もお見せしながら説明しますので、こ

こでは作成にあたっての姿勢をご理解いただければ十分です。

他社の類似サービスの利用規約を参考に

　ウェブサービスの利用規約は、一般的な企業・個人間の契約書と違って、ウェブ上にその内容が公開されています。そのため、ベンチャーの経営者はもちろんのこと、弁護士や法務担当者ですら、他社が展開している類似サービスがある場合は、その利用規約の定め方を参考にしています。

　もっと言えば、類似サービス間で利用規約を相互にマネしあっていることも少なくありません。類似サービスであれば、利用規約に定めるべき条件は自ずから似通ってくるものですし、部分的にマネしても基本的には法律上問題とならないためです。

　たとえば、EC サイトを運営している会社が利用規約を作ろうとする場合、他社の利用規約をいくつかみてみると、「ユーザーが長期不在、宛先不明などで商品のお届けができなかった場合」の取扱いとして、契約の解除ができる旨や、その際の再配達費用の負担の取扱いが規定されているものが結構あることがわかると思います。

　これは、実際に EC サイトを運営してみると、長期不在、宛先不明などで商品が届かない場合が結構あり、その場合は宅配業者に対して再配達を依頼する費用を EC サイトを運営する会社側で負担しなければならないのか、再配達はいつまでしなければならないのか、代金を既にもらってしまっている場合はどうなるのかなど、問題となる場面が多いために規定されているものです。

　その際の取扱いを明確に利用規約に定めておくことで、利用規約に従って、費用を請求できたり、契約を取り消したりすることをスムーズに行えるようになるのです。

　このような規定は、単に利用規約を一般的なひな形をもとに作成するだけでは思いつかないかもしれない規定であり、他社サービスの利用規約を参考にするからこそ見えてくる問題として、利用規約の作成におけ

る他社サービスの規約の検討がサービスのリスクを把握するのに欠かせないことを示す良い例です。

「利用規約が自社で作れない」ことは問題

しかし、他社の利用規約をマネするだけでは、やはり限界があります。

他社とまったく同じサービスを、他社とまったく同じ契約条件で提供するケースは少ないからです(そんなデッドコピーのようなウェブサービスは、ヒットしないでしょう)。

また、他社のユニークな利用規約をそのままマネすれば、マネをしたこと自体への批判もさることながら、「サービスの実態と利用規約の規定が合わない」という危険も生まれかねません。あくまで「リスクヘッジの視点や、まとめ方のアイデアを参考にさせてもらう」程度にとどめたほうが安全です。

さらに、他社と少し違うサービス・契約条件で提供するのであれば、

「そのサービスは許認可が必要なものではないか」
「その契約条件は法令に違反していないか」

という、ビジネスモデルの法律的な検証が不可欠になるでしょう。

この点を十分に検証せずに、他社の利用規約をコピー&ペーストした上で、「もう少しユーザーにとってわかりやすい表現に変更しておこう」などと安易な対応をとると、思わぬ法的リスクを発生させるケースもあります。

たとえば、ポイントの有効期間を「180日だと既存サービスと同じだから、差別化を図るためにうちは1年にしよう!」などと軽い気持ちで変更すると、ポイントについての規制の対象となってしまったりします(詳細は2章04参照)。どこに地雷があるかわからないのです。

「法律なんて勉強したことがない!」という方がほとんどだと思いますが、まずは自分で行政機関に問い合わせたり、関係省庁のウェブサイト

や文献を調べたりするなどして、法律的な問題がないかを確認する努力はしたうえで、法律専門家である弁護士に相談すべきです。利用規約を形だけ作れても、その中身や自社の事業に関係する法律を責任者となる自分自身が理解していないのは、やはり問題なのです。

企業としての最低限のディフェンスを

　弁護士やウェブサービスの実務経験がある法務担当者の経験と能力を借りて利用規約を作れればベストです。しかし、時間や費用の都合で、それが叶わないケースもあるでしょう。

　そのような場合でも、他社の例を参考にし、自分で読んで意味のわかるところだけでも写しながら、利用規約を作っておきましょう。それが万全なものではなかったとしても、何かトラブルがあったときにはきっと、時間そしてコストを節約するのに役立つはずです。ウェブサービスを多数のユーザーに、低廉な価格で提供するためには、最低限の防具として、利用規約を作ることが必要になります。

5 どのくらいのレベルで、同意をもらえればいいのか?

　ここまで、利用規約の必要性と重要性、そして作り方について、さまざまな視点からお話ししてきました。しかし、それだけでは最も重要なポイントが抜けてしまっています。それは「どんなに緻密に作成した利用規約も、ユーザーに契約条件として認識してもらえなければ何の意味もない」ということです。

だまして取得した同意は、法的にもクレーム対応的にも効果なし

　著名な弁護士を起用して立派な利用規約を作ったが、ユーザーに読んでもらおうなんて気はさらさらない――そんなウェブサービスは、昔から世の中にたくさん存在しました。

　ウェブサービス提供者に言わせれば

「ちゃんと利用規約を作ってサイトに置いてあるのだから、それを見ないでサービスを使ったユーザーが悪い」

ということなのでしょう。

　加えて、マーケティング的な観点では、ただでさえ山のようにあるウェブサービスの中で自社のサービスにたどり着いてくれたユーザーですから、面倒な利用規約など意識させずに、ウェブサービスを使い始めてもらいたくなるところです。

　しかし、利用規約の内容や契約条件についてはある程度企業の都合が認められるとはいえ、さすがにウェブサービスの利用を開始するにあたってユーザーがその条件を目にするチャンスすらなかったのであれば、その利用規約を適用することはできません。つまり、利用規約を適用するためには、「ウェブサービス事業者側が、ユーザーに対して、利用規約を明示し、説明しなければならない」のです。

　具体的には2章07で解説しますが、ウェブサービス事業者が示した利用規約は、その内容をユーザーが認識可能な状態にあってはじめて、そこに記載した条件を適用することができます。そして、わかりにくいリンクなどの画面構成によって「利用規約に同意したことにする」だまし手は、利用規約のような形式を用いた契約のルールを定める民法上も、経済産業省が定める「電子商取引及び情報財取引等に関する準則[4]」上も、不適切とされています。「利用規約を読まない限りは同意ボタンが押せない」ぐらいの明確な場所に利用規約を明示し、しっかりと同意を取ってから、自社のウェブサービスを提供するようにしましょう。

4　https://www.meti.go.jp/policy/it_policy/ec/

共感と納得の得られる利用規約を目指して

　「必ずユーザーに読んでいただく」ということを前提とすると、企業の都合ばかりを振りかざすのは考えものです。利用規約に企業の有利な条件を書き連ねたところで、ユーザーは不快感を感じるだけだからです。せっかく入り口まで来てくださったユーザーが、利用規約を読んで去ってしまうこともあるかもしれません。利用規約の各条件の意味、そして「なぜ、その利用規約に同意しなければならないのか」をユーザーに共感・納得してもらえる利用規約を目指したほうが良いでしょう。

　では、どうやったら共感や納得を得られるか。ここは知恵の絞りどころです。

「○○をしなければならない」
「△△は行ってはならない」

といった、ユーザーの義務・禁止事項をしっかりと書いて、自らのウェブサービスを守ることはもちろん必要です。しかし、それだけを書き並べたのでは、共感や同意を得るのは難しいものです。ユーザーに負担・制約を課す背景や理由を説明したうえで、

「その負担・制約の代わりに、このウェブサービスがどんなメリット・利便性・楽しさを提供するのか」

について、可能な範囲で約束をすることがポイントになってくると考えます。

　たとえば、「ユーザーが許諾することで得られるメリット、サービスを丁寧に説明したうえで、そのために許諾を必要とするものです」というスタンスで規定してある規約であれば、単に「権利はすべて私たちのものだ、つべこべ言うな」というスタンスがにじみでているものよりも、

気持ち良く同意ボタンを押すことができるのではないでしょうか。

　ユーザーの目線でメリットとデメリットを比較して、メリットのほうが上回る、すなわち利用規約をよく読んだユーザーから同意をいただける内容かどうか──それを見極める目を、他社の利用規約と比較したり寄せられたクレームと向き合ったりしながら、養いましょう。

　また、最近の傾向としては、利用規約やプライバシーポリシーの本文自体は、法律上の権利義務関係を明確にするという意味でも、しっかりと規定しておいたうえで、特に重要な事項については、要約を記載したり、事例を踏まえて Q&A 形式でわかりやすく説明するなどして補足し、理解を得られるようにするというものが見られます。

■ 図1-1 │ Pinterestの利用規約画面（2024年1月時点）[5]

5 https://policy.pinterest.com/ja/terms-of-service

たとえば、Pinterest の利用規約では、本文のあとに「要約」が罫囲みで目立つように記載されており、利用規約をユーザーに理解してもらおうというサービス運営者の姿勢をみせるものとして評価できるのではないかと思います（ただ、法的に正確かつ効果的な要約を目指そうとすると、なかなか大変なので、サービス運営者側にとってはリスクがあるかもしれません）。

　また、LINE ヤフーでは、文字で書かれたプライバシーポリシーとは別に、イラストやアニメーションを多用した「プライバシーセンター」のページを公開し、個人情報・パーソナルデータの取扱いについて、より具体的なイメージが湧きやすい形で伝える努力をしています。同様の取組みは、日本の大手ウェブサービス事業者の多くが採用し始めています。

■ **図1-2 ｜ LINEヤフーのプライバシーセンター画面（2024年1月時点[6]）**

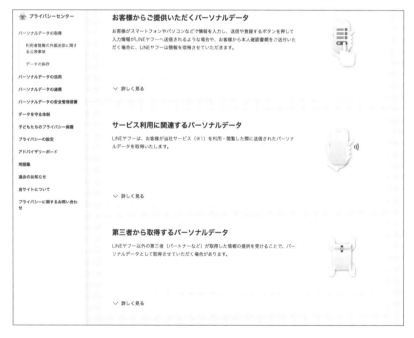

以上、利用規約の存在意義、そして利用規約がないとどうなるのか、そして利用規約をどう作っていくべきかについて説明しました。まとめると、以下のとおりです。

Point

- 利用規約を検討するにあたり、まずは自社ウェブサービスのリスクを正しく把握する
- 他社の利用規約も参考にしつつ、長すぎずかつ読みやすい・わかりやすい言葉で作成する
- ユーザーに「規約なんて見てない」と言われない場所に明示し、しっかりと同意を取ってからサービスを提供する

02

最低限おさえておくべき
「プライバシーポリシー」の
ポイント

1 プライバシーポリシーの2つの役割とは

プライバシーポリシーとは、

特定のユーザー個人を識別することができる情報である「個人情報」
および
**位置情報や購買情報などのユーザーの行動・状態に関する情報である
「パーソナルデータ」**

の取扱い方針(ポリシー)を定めた文書です。

　ウェブサービス事業者がユーザーに関する情報を取り扱う場合、個人
情報保護法や電気通信事業法といった法律により、ユーザーに対し情報
の利用目的を通知・公表したり、ユーザーから同意を取得したりするこ
とが義務づけられています。プライバシーポリシーは、ウェブサービス
事業者がこのような「法令上の通知・公表・同意取得義務に対応する」た
めのツールという役割を担っています。これが1つめの役割です。

　2つめの役割が、「ユーザーに個人情報・パーソナルデータの取扱い方
針をわかりやすく説明する」という役割です。ユーザーは、ウェブサー
ビス事業者がどのようにユーザーの情報を扱っているかがわからなけれ
ば、そのサービスの利用に不安を覚えてしまいます。また、形式的には
法令上の義務を満たしていたとしても、予想できないような用途で利用

されていれば、ユーザーから強い反発を受けることになります。そのようなことがないよう、情報の取扱い方針をわかりやすく説明する必要があるのです。

　利用規約とプライバシーポリシーは、いずれもサービス提供に関する条件などを記載した文書であるため、理屈のうえではプライバシーポリシーの内容を利用規約の中に埋め込むこともできます。しかし、ほとんどのウェブサービスは、利用規約とは独立した文書としてプライバシーポリシーを用意しています。これは、それだけユーザーの情報の取り扱いに慎重さが求められていることの表れと言えます。

2 プライバシーポリシーで取扱いを説明すべき情報とは

「個人情報」の定義を理解するポイントは「容易照合性」

　本節の冒頭で、プライバシーポリシーの1つ目の役割が「法令上の通知・公表・同意取得義務に対応する」ためのものであることを述べました。それを実現するためには、出発点として、個人情報保護法が定める「個人情報」の範囲を理解しておくことが重要です。しかし、法律家以外でこれを正確に理解している方は、実はそう多くないのが現状でもあります。その原因はどこにあるのでしょうか？

　それは、ひとえに以下第2条が定める個人情報の定義のわかりにくさ・難しさにあります。

第2条　この法律において「個人情報」とは、生存する個人に関する情報であって、次の各号のいずれかに該当するものをいう。
　一　当該情報に含まれる氏名、生年月日その他の記述等（文書、図画若しくは電磁的記録（中略）に記載され、若しくは記録され、又は音声、動作その他の方法を用いて表された一切の事項（個人識別符号を除く。）をいう。以下同じ。）により特定の個人を識別するこ

とができるもの（他の情報と容易に照合することができ、それにより特定の個人を識別することができることとなるものを含む。）

　　二　個人識別符号が含まれるもの

2　この法律において「個人識別符号」とは、次の各号のいずれかに該当する文字、番号、記号その他の符号のうち、政令で定めるものをいう。

　　一　特定の個人の身体の一部の特徴を電子計算機の用に供するために変換した文字、番号、記号その他の符号であって、当該特定の個人を識別することができるもの

　　二　個人に提供される役務の利用若しくは個人に販売される商品の購入に関し割り当てられ、又は個人に発行されるカードその他の書類に記載され、若しくは電磁的方式により記録された文字、番号、記号その他の符号であって、その利用者若しくは購入者又は発行を受ける者ごとに異なるものとなるように割り当てられ、又は記載され、若しくは記録されることにより、特定の利用者若しくは購入者又は発行を受ける者を識別することができるもの

　この複雑な条文の構造を分解すると、個人情報とは、

1 氏名、生年月日その他の記述等により特定の個人が識別できるもの
　または
2「個人識別符号」が含まれるもの

の大きく2種類の情報で構成されることがわかります。なお、「個人識別符号」とは、政令第1条第1号、規則第2条及び「個人情報の保護に関する法律についてのガイドライン（通則編）」2-2[1] より、以下が該当します。

（イ）DNAを構成する塩基の配列、（ロ）顔の容貌、（ハ）虹彩の模様、（ニ）声の質、（ホ）歩行の態様、（ヘ）手・手指の静脈の形状、（ト）指紋又は掌紋、（チ）イ〜トの組合せ

---

1 https://www.ppc.go.jp/personalinfo/legal/guidelines_tsusoku/#a2 2

この第2条の定義を一般の方が読んで、「氏名」「生年月日」「個人識別符号」といった、単一の情報項目に当てはまるかだけでそれが個人情報に当たるか当たらないかを判定できるものと思ってしまうのも無理はありません。しかし、実は「特定の個人を識別することができるもの」に続くかっこ書きの、

（他の情報と容易に照合することができ、それにより特定の個人を識別することができることとなるものを含む。）

という記述が大きな意味を持っています。このかっこ書きがあることによって、年齢や電話番号など、それ単体では特定の個人を識別できない情報についても、他の情報と照合することが容易にできる状態にあり、その照合結果によって特定の個人が識別できるのであれば、個人情報に当たることになるからです。このかっこ書きによって導かれる、

特定の個人を識別できる何らかの情報と紐づけられた情報は、その情報全体がすべて個人情報として保護の対象になってしまう

という性質を、講学上「容易照合性」と呼んでいます。この容易照合性こそが、個人情報の定義を正しく理解するためのポイントとなります。

ユーザー ID を記録した社内データベースがもれなく個人情報に

　具体例を挙げて当てはめをしてみましょう。例えば、以下のような行列で構成されるエクセルの会員データベース A があったとします。この場合、項目「氏名」のカラム（列）に保存された情報が個人情報に当たることはわかると思います。では、電話番号のカラムに入力された数字「090*******」や、SNS ID「@xxyyzz」は、個人情報に当たるでしょうか？

■ 表1-1 │ データベースA

ユーザー ID	登録日	氏名	電話番号	SNS ID	…
AA00001	2023/12/24	甲山花子	090********	@xxyyzz	…
AA00002	…	…	…	…	…

　確かに、電話番号や SNS ID はそれだけで特定の個人を識別することができるものではありませんし、個人識別符号にも当たりませんので、単なる数字・文字列という扱いになります。ところが、このデータベース A を管理する事業者においては、ユーザー ID「AA00001」のレコード（行）に記録されて保存されることで、このレコード全体が個人情報となり、特定の個人を識別する氏名「甲山花子」に紐づけられた結果、この電話番号・SNS ID も個人情報となってしまうのです。

　さらに、この事業者が、データベース A とは別に以下のデータベース B も管理している場合には、個人情報の対象となる範囲が広がります。

■ 表1-2 │ データベースB

ユーザー ID	利用サービス名	初回ログイン	最終ログイン	…
AA00001	Service X	2023/12/24	2024/1/2	…
AA00002	…	…	…	…

　このデータベース B には、氏名等の特定の個人を識別できる情報は入っていません。しかし、先ほどのデータベース A のレコードにも含まれる「ユーザー ID」が共通で利用されているため、データベース A と B は「容易に照合することができ」ます。これにより、この事業者においては、データベース A のレコードのみならず、データベース B の AA00001 のレコード（行）に含まれている利用サービス名・初回ログイン・最終ログインの情報も、「甲山花子」に紐づく個人情報として取り扱

う必要があります。

　この容易照合性によって、社内に散らばる様々なデータベース上にある（一見すると特定の個人が識別できないように見える）情報全体が、個人情報保護法が定義する「個人情報」に該当することとなります。

　ウェブサービス事業者では、会員データベースの中に、氏名そのものや、ローマ字読みの氏名を含むメールアドレスなど、特定の個人を識別できる情報をレコードに含めて管理しているケースがほとんどです。そうしたデータベースが1つでも存在し、さらに共通するユーザーIDなどで他のデータベース上の情報と容易に照合できるのであれば、それらのデータベースに格納された会員に関するあらゆる情報が個人情報に当たります。

　日常用語としての「個人情報」と比較して、法令上の保護の対象となる「個人情報」の範囲がいかに広いものか、おわかりいただけたでしょうか。

「個人データ」「保有個人データ」と個人情報の関係

　また、個人情報保護法においては、「個人情報」とは別に、以下の用語を定義してデータの定義を細かく区分しています。

・「個人情報データベース等」（第16条第1項第1号・2号、施行令第4条第2項）
　　個人情報を含む情報の集合物を検索しやすく体系化したもの
　　（例）データベースA・B
・「個人データ」（第16条第3項）
　　個人情報データベース等の一部を構成する個人情報
　　（例）データベースA・Bに含まれる氏名、電話番号、利用サービス名等
・「保有個人データ」（第16条第4項）
　　個人データのうち、個人情報保護法に基づき事業者が開示・訂正・利用停止・消去等の権限を有し、かつその存否が明らかになることにより公益その他の利益が害されるものとして政令で定めるもの[※]以外のもの

※政令で定めるものとは、「家庭内暴力・児童虐待の加害者・被害者本人の個
人データ、反社会的勢力該当人物の個人データ、要人の行動予定、警察の捜
査関係者事項照会等を受けて作成した対象者リスト等の個人データ」を指す。

　この定義からもわかるとおり、個人情報 ⊃ 個人データ ⊃ 保有個人
データという包含関係にあります。このように定義を細かく分けている
理由は、それぞれの区分に応じて、情報の取扱いに関するルールに強弱
とグラデーションを付けるためです。

　個人情報保護法が定める区分ごとの取扱いルールについては、個人情
報保護委員会がまとめた「個人情報保護法の基本（令和4年7月）」の図[2]お
よび「「個人情報の保護に関する法律についてのガイドライン」及び「個人
データの漏えい等の事案が発生した場合等の対応について」に関するQ
&A」2-3の表[3]が参考になります。暗記をする必要はありませんが、定義
された情報区分ごとに異なるルールのグラデーションがあることをざっ
くり掴んでおき、必要に応じて条文や関連するガイドラインを参照して
ください。

■ 図1-3 │ 個人情報、個人データ、保有個人データの関係

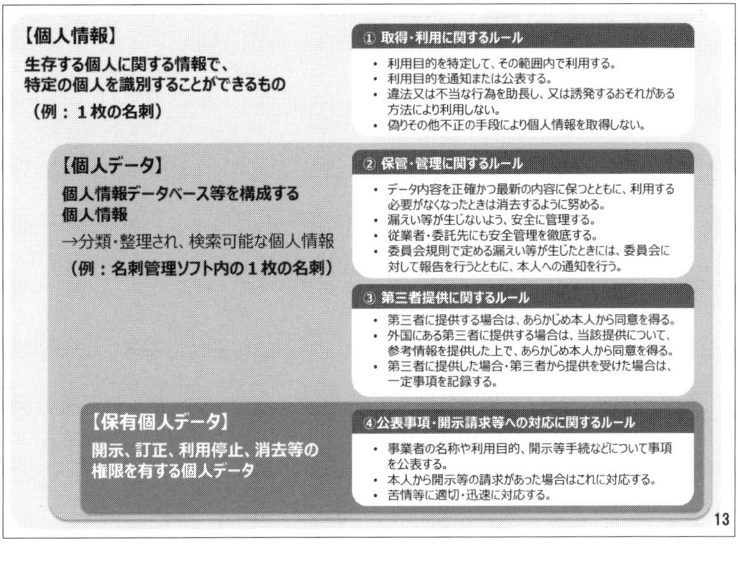

2 https://www.ppc.go.jp/files/pdf/kihon_202207.pdf
3 https://www.ppc.go.jp/all_faq_index/faq2-q2-3/

■ 図1-4 │ 個人情報、個人データ、保有個人データの義務規定の差異

		個人情報	個人データ	保有個人データ
第 17 条	利用目的の特定	○	○	○
第 18 条	利用目的による制限	○	○	○
第 19 条	不適正な利用の禁止	○	○	○
第 20 条	適正な取得	○	○	○
第 21 条	取得に際しての利用目的の通知等	○	○	○
第 22 条	データ内容の正確性の確保等		○	○
第 23 条	安全管理措置		○	○
第 24 条	従業者の監督		○	○
第 25 条	委託先の監督		○	○
第 26 条	漏えい等の報告等		○	○
第 27 条	第三者提供の制限		○	○
第 28 条	外国にある第三者への提供の制限		○	○
第 29 条	第三者提供に係る記録の作成等		○	○
第 30 条	第三者提供を受ける際の確認等		○	○
第 32 条	保有個人データに関する事項の公表等			○
第 33 条	開示			○
第 34 条	訂正等			○
第 35 条	利用停止等			○
第 36 条	理由の説明			○
第 37 条	開示等の請求等に応じる手続			○

個人情報に加え「パーソナルデータ」も対象に

　PC・スマートフォン・スマートスピーカー・スマートウォッチなど、様々な情報端末がインターネットに常時接続されるようになった現代では、サイト訪問者を識別するためにブラウザに保存される Cookie や、スマートデバイスが自動的に取得する情報が企業に蓄積され、大量に行き交うようになりました。

こうした情報は、氏名や住所といった特定の個人を識別できる情報と紐付けられなければ、法令上の個人情報には当たりません。しかし、ウェブサービスを提供する際に、事業者が保有するユーザー ID などの個人情報と紐付けられる可能性が高く、もし紐付けられて蓄積された場合には、ユーザーのプライバシー保護にも大きな影響を与えうる情報となります。このような情報を、個人情報保護法上で定義される個人情報と区別するために「パーソナルデータ」と呼ぶことがあります。そして、このパーソナルデータをユーザーが認識していない状態でウェブサービス事業者が利用することの是非について、しばしば社会問題化する事案が発生しています。

　パーソナルデータの取扱いが社会問題となった事例の 1 つが、2019年に発生したリクナビ事案です。新卒学生向け就活サイト「リクナビ」で、学生ユーザーが利用するブラウザから取得できる Cookie を手がかりに「業界ごとの求人閲覧履歴」を集積、これに独自のウェブアンケート情報を加味し、学生ユーザーごとの内定辞退可能性スコアを算出して契約企業に提供していたことなどが発覚し、リクルートグループが個人情報保護委員会から勧告を受けるに至りました。

　この事案で、学生ユーザーの閲覧履歴・ウェブアンケート情報から内定辞退可能性スコアを算出して契約企業に引き渡していたのは、リクナビを運営する株式会社リクルートキャリアが業務を委託した、株式会社リクルートコミュニケーションズでした。受託者であるコミュニケーションズ社は、委託者であるキャリア社が保有するリクナビの学生ユーザーの氏名等データに自由にアクセスできるわけではないので、特定の個人を識別できません。しかし、コミュニケーションズ社がウェブアンケートとリクナビサイト上の Cookie をキーにして「契約企業固有の応募者管理 ID」と「業界ごとの求人閲覧履歴」を紐付け、その組合せ結果を契約企業に提供すると、契約企業としては、応募者管理 ID をキーにして自社がリクナビ上で管理する応募学生の個人情報と容易に照合でき、内定辞退率が高い学生を特定できる仕組みになっていました。

Cookie・業界ごとの求人閲覧履歴・ウェブアンケート・応募者管理ID などの情報は、それぞれの情報項目を単体で見た場合には、特定の個人を識別できる情報ではないように見えます。しかしながら、取扱い方や提供先によってそれらが紐付けられると、情報の主体であるユーザー本人が特定され、思いもよらない影響を受ける可能性がありました。

■ 図1-5 ｜ 本人の同意なくデータが第三者提供されるケースのイメージ[4]

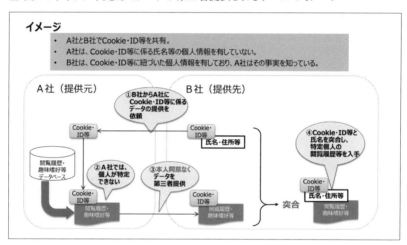

このリクナビ事案もきっかけとなって個人情報保護法が改正され、Cookie に紐づくウェブサイトの閲覧履歴等も保護対象に含む概念である「個人関連情報」が新たに保護の対象となり、個人関連情報を第三者に提供する場合に、その第三者が個人関連情報を個人データとして取得することが想定されるときには、本人の同意が要求されることになりました。

> 第2条 （第1〜6項略）
> 7　この法律において「個人関連情報」とは、生存する個人に関する情報であって、個人情報、仮名加工情報及び匿名加工情報のいずれにも該当しないものをいう。

4　個人情報保護委員会「個人情報保護を巡る国内外の動向」（令和元年 11 月 25 日）より
　https://www.ppc.go.jp/files/pdf/191125_shiryou1.pdf

第31条　個人関連情報取扱事業者は、第三者が個人関連情報（略）を個人データとして取得することが想定されるときは、第二十七条第一項各号に掲げる場合を除くほか、次に掲げる事項について、あらかじめ個人情報保護委員会規則で定めるところにより確認することをしないで、当該個人関連情報を当該第三者に提供してはならない。

一　当該第三者が個人関連情報取扱事業者から個人関連情報の提供を受けて本人が識別される個人データとして取得することを認める旨の当該本人の同意が得られていること。

二　外国にある第三者への提供にあっては、前号の本人の同意を得ようとする場合において、個人情報保護委員会規則で定めるところにより、あらかじめ、当該外国における個人情報の保護に関する制度、当該第三者が講ずる個人情報の保護のための措置その他当該本人に参考となるべき情報が当該本人に提供されていること。

（第2項以下略）

　個人関連情報は、「生存する個人に関する情報であって、個人情報、仮名加工情報及び匿名加工情報のいずれにも該当しないもの」と定義されています（第2条第7項）。ウェブサービス事業者の立場としては、「個人情報に該当しない情報なら、どのように扱っても良いのかな？」とつい思ってしまいそうです。

　しかし、第31条では、リクナビ事案のようなことが発生しないよう、自社が個人関連情報を提供する第三者がそれを個人情報（個人データ）として取得する（受け取る第三者がデータベースで照合して特定の個人を識別する）ことが想定されるときには、あらかじめユーザー本人の同意を得ることが必要と定めました。

　このように、デジタル社会の進化に対応して、個人情報に当たらない情報についての保護ルールが強化されたことを踏まえると、従前は個人情報だけを対象としていたプライバシーポリシーにおいても、パーソナルデータの取扱いについてカバーしていく必要があると考えます。

ユーザーが利用する端末から情報を「外部に送信」する場合にも説明義務が発生

　個人情報保護法は、ユーザー本人の知らないところでパーソナルデータが事業者を転々として流通していくことのないよう、規制を強化しました。これに加えて、2023年6月より、電気通信事業サービスを規制する法律の中にも、パーソナルデータの流通に対する規制が設けられました。それが、電気通信事業法第27条の12として定められた、「外部送信規律」と呼ばれるルールです。

> 第27条の12　電気通信事業者又は第三号事業を営む者(略)は、その利用者に対し電気通信役務を提供する際に、当該利用者の電気通信設備を送信先とする情報送信指令通信(略)を行おうとするときは、総務省令で定めるところにより、あらかじめ、当該情報送信指令通信が起動させる情報送信機能により送信されることとなる当該利用者に関する情報の内容、当該情報の送信先となる電気通信設備その他の総務省令で定める事項を当該利用者に通知し、又は当該利用者が容易に知り得る状態に置かなければならない。ただし、当該情報が次に掲げるものである場合は、この限りでない。(以下略)

　この外部送信規律を噛み砕いて説明すると、「ウェブサービス事業者(電気通信事業者又は第三号事業を営む者)が自ら取得して利用するか否かにかかわらず、そのユーザー(利用者)が利用するPC・スマートフォンなどの端末(電気通信設備)に指令(情報送信指令)を与えてユーザーに関する情報を端末から外部に送信させるのであれば、そのような仕組みがあることをあらかじめユーザーが確認できるように説明しなさい」というものです。

　ここで、プライバシーポリシーを作成する際に把握しておくべき、個人情報・パーソナルデータに関する二つの法規制の関係を図に表すと、

以下のようになります。

■ 図1-6｜個人情報・パーソナルデータに関する二つの法規制の関係

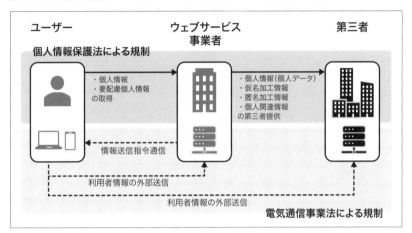

プライバシーポリシーは、もともと個人情報保護法による個人情報の取扱い規制に対応するために作成されるようになった経緯があります。そのため、電気通信事業法による外部送信規律に対応するための表示を、プライバシーポリシーとは独立した文書として別途作成するケースも少なくありません。

しかし本書では、ユーザーにとってのわかりやすさを目指し、上図のような情報流通の全体像が一元化・一覧化されるよう、プライバシーポリシーに情報の外部送信についても記述しておくことを推奨します。

プライバシーポリシーを「集めた情報の取扱い方ガイド」にする

このように、個人情報保護法・電気通信事業法が改正されてきた経緯や趣旨を踏まえると、ウェブサービス事業者は、これまでのプライバシーポリシーのように「狭い意味での個人情報の取扱い方」だけを対象とするスタンスを改め、パーソナルデータを含む広い意味での情報の取扱いを、その目的や想定しうる影響を含めてわかりやすく説明することが求めら

れています。

　具体的には、

・**事業者は、ユーザーに関する情報を、どのような手段で集めるのか**
・**事業者は、集めた情報をどう処理するのか**
・**ユーザーは、情報を提供することによって、どのようなメリットを得、リスクを負うのか**

の全体像を、わかりやすくユーザーに伝える文書に改めるということです。それがユーザーに伝わって初めてユーザーの不安が解消され、納得を得られて、良いウェブサービスとなる下地が作られます。

③ 利用目的は具体的に特定し、明示しなければならない

　プライバシーポリシーの中でも、ウェブサービス事業者ごとに記載内容が大きく異なり、細やかな文言の検討が必要となる項目が、「利用目的」です。

　物販系ウェブサービスでダイエット食品を販売したときに、配送のために必要な情報として、ユーザーから住所・名前といった情報を取得するとします。その場合、ウェブサービス事業者としては、単に注文されたダイエット食品を配送するだけでなく、ダイエット食品業者各社から広告を受注して、その広告をDMとして送付したくなるかもしれません。

　しかし、プライバシーポリシーにおいて、利用目的の1つとして「広告を掲載したダイレクトメールの郵送」と記載していなかった場合、このようなDMを送付するのは「目的外利用」として、個人情報保護法に違反する可能性があります。

　また、ユーザーが文書や画像などのコンテンツを投稿できるブログサービスで、ユーザー登録に必要なプロフィール情報や投稿したブログの内容から関心や心理状態を分析し、そのブログを訪問する閲覧者への

表示や SNS 投稿により、AI が生成したアバターが分析結果に基づくユーザー紹介をするサービスを提供するとします。これは一見すると親切なサービスに見えますが、ユーザーによっては「プロフィール情報やブログ投稿に書いた事柄が、そんな用途で使われると思わなかった」と反発する人もいるでしょう。

　このように、サービス運営者としては、取得した個人情報を、将来のビジネスもふまえて、ある程度積極的に活用していきたいと考えがちです。しかし、他方でユーザーとしては、自分が関知していない目的で個人情報を利用されることには抵抗を感じるのが通常です。

　そこで、個人情報保護法は、個人情報を取得するにあたっては、

・利用目的をできる限り特定し(第17条第1項)
・あらかじめ本人の同意を得ない限り、特定された利用目的の達成に必要な範囲を超えて、個人情報を取扱ってはならず(第18条第1項)
・その利用目的を明示(「あらかじめ「公表」、または取得後すみやかに「本人に通知」もしくは「公表」)しなければならない(第21条第1項)

というルールを定めています。

　なお、個人情報保護法は、利用目的をかなり具体的に特定することを求めている点に注意が必要です。たとえば、

「事業活動に用いるため」
「マーケティング活動に用いるため」

などという抽象度では、「利用目的を具体的に特定していない」とされ、

「○○事業における商品の発送、関連するアフターサービス、新商品・サービスに関する情報のお知らせのため」

といったレベルまで、目的を特定することが求められています。さらに、ユーザー本人から得た情報から、本人に関する行動・関心等の情報を分析するいわゆる「プロファイリング」を行う場合には、

「取得した閲覧履歴や購買履歴等の情報を分析して、趣味・嗜好に応じた新商品・サービスに関する広告のために利用いたします。」

のように、どのような取扱いが行われているかをユーザー本人が予測・想定できる程度に利用目的を特定することが必要とされました（「個人情報の保護に関する法律についてのガイドライン（通則編）」3-1-1[5]）。

　なお、DM を郵送ではなく、電子メールで送付する場合には、プライバシーポリシーにおける明示だけではなく、いわゆる「特定電子メール法」などによる規制があり、広告メールの送付について事前の同意を明確に得ておく必要があります。これについては、2 章 17 を参照してください。

4 個人情報を第三者に提供するときは
プライバシーポリシーに明記し同意を得る

　個人情報保護法は、取得した個人情報を第三者に提供する際には、原則として本人から同意を得ることを求めています。実務的にはプライバシーポリシーにおいて第三者提供を行う旨を明記し、ユーザーから同意を得ていることが前提になります。

　個人情報の「利用目的」については、前述のように明示すれば良く、同意の取得までは必要とされていません。しかし、個人情報を第三者に提供することは、より本人にとってインパクトが大きいため、本人の「同意」まで要求しているのです（第 27 条第 1 項）。

　さらに、個人情報の提供経路に関するトレーサビリティ確保のため、第三者提供に関する記録の作成・保存義務も負うこととなります（第 29 条）。

　この個人情報の「第三者提供」は、ユーザーが抵抗を感じやすい事項で

---

5 https://www.ppc.go.jp/personalinfo/legal/guidelines_tsusoku/#a3-1-1

はありますが、以下のように、想定されるケースは意外と多くあります。

（a）広告を収益源とするウェブサービスの場合で、広告出稿者にマーケティングのための参考情報として、ユーザー情報を提供する場合

（b）マッチングサービスや、オークションなどの CtoC サービスなどで、ユーザー同士の情報をある程度開示しなければならない場合

（c）API などを通じて第三者が提供するウェブクライアントやアプリを認証し、ウェブサービスへアクセスできるようにする場合

　そのため、実態を確認せずに「第三者提供なんて行わない」などと安易に判断してしまわないよう、注意してください。

　なお、個人情報保護法では、「オプトアウト」と呼ばれる、一定の要件を充たす代わりに本人から明示的な同意を得ずに個人データを第三者提供できる手続きを定めています。しかしながら、このオプトアウトによる第三者提供を採用する場合、事業者は、本人の求めに応じて個人データの提供を停止し、個人情報保護委員会規則に定める事項を通知または本人が容易に知り得る状態に置き、さらに個人情報保護委員会へ届出を行う義務を負います（第 27 条第 2 項〜 4 項）。

　前述の第三者提供時の記録義務や届出義務の具体的な内容については、「個人情報の保護に関する法律についてのガイドライン（第三者提供時の確認・記録義務編）[6]」を確認してください。

　なお、オプトアウト方式で第三者提供を行えるからといって、個人情報の第三者提供を行う際に本人の同意を取る必要はないと考えるのは早計です。ユーザーにとってみれば、同意していないのに自分の個人情報が第三者に提供されていたという「気持ち悪さ」は、その利用方法によってはウェブサービスに対する信頼を大きく傷つけてしまうこともあるからです。そのため、オプトアウト方式で個人情報の第三者提供を行う場合は、本人からの同意に基づいて行うとき以上に、ユーザーの立場に立って必要性や許容性を検討することをおすすめします。

6 https://www.ppc.go.jp/personalinfo/legal/guidelines_thirdparty

5 委託先への開示も明示しておく

　他方、個人情報保護法においては、個人情報取扱事業者が利用目的の達成に必要な範囲内において、個人データの取扱いの全部または一部を委託する場合は、本人の同意を得ることなく、委託先へ個人情報を提供することを認めています（第23条第5項第1号）。物販系ウェブサービスを例に挙げれば、ユーザーへの配送を宅配事業者へ委託する場合がこれに該当します。

　本来は、ユーザーから個別に第三者提供の同意を取るべきとも考えられます。しかし、法律が一定の条件の下、その条件を緩和し、そのような同意を取得する手間を省いてくれているわけです。しかし、「個人情報の保護に関する法律についてのガイドライン（通則編）」3-9[7] には、「委託の有無、委託する事務の内容を明らかにする等、委託処理の透明化を進めることも重要である」と明記されています。さらに、後ほど説明するとおり、2020年改正個人情報保護法により安全管理措置の公表義務（第32条第1項）が新設され、委託先に対する監督をどのように行うかについても、本人の知りうる状態におくことが求められるようになりました。

　これらの背景もあって、実務上、委託先に個人情報の開示を行っている旨をプライバシーポリシーに記載する事業者が多数派を占めるようになっています。

　法令が義務として定める最低ラインの記載に止めても構いませんが、委託先に個人情報を開示することがある旨を明示し、その上で安全管理に必要な措置も講ずることを説明するプライバシーポリシーの方が、ユーザーからの信頼は得やすいと考えます。

---

7 https://www.ppc.go.jp/personalinfo/legal/guidelines_tsusoku/#a3-9

6 外部送信規律への対応

　本節の 2 で解説したとおり、2023 年 6 月に施行された改正電気通信事業法により、利用者情報の外部送信に関する規律が新たに導入されました（電気通信事業法第 27 条の 12）。

　これにより、ウェブサイトやアプリにタグや情報収集モジュールを組み込み、自社や第三者のサーバーに情報を送信する場合には、同意の取得・通知／公表・オプトアウト手続きのいずれかをとるよう義務付けられています。ただし、同意の取得は、事業者だけでなくユーザーにとっても手間が発生することから敬遠され、またオプトアウト手続きは採用後にタグや情報収集モジュール等の仕組みが将来正常に稼働しなくなる可能性もあるなど事業者にとっては不安要素が大きいことから、通知／公表による対応が実務上の標準となっています。

　外部送信規律の対象となる事業者については、電気通信事業法施行規則第 22 条の 2 の 27 に詳細な規定があります。本書が対象とするウェブサービス事業者は、ほとんどが同条第 1 項第 2 号～ 4 号のいずれかに該当するものと考えられますので、この規律に従う必要があると考えたほうがよいでしょう。

　具体的には、ユーザーに対し、以下の記載事項を「事前に通知し、又は容易に知り得る状態に置く」ことが求められます（電気通信事業法施行規則第 22 条の 2 の 28、29）。

（a）**送信されることとなる利用者に関する情報の内容**
（b）**（a）の情報を取り扱うこととなる者の氏名又は名称**
（c）**（a）の情報の利用目的**

7 個人情報を共同利用するときに配慮すべきこと

　単に第三者へ個人情報を提供する場合とは別に、個人情報をグループ

会社などの間で共同して利用する場合において、

(a) 共同利用をする旨
(b) 共同して利用される個人データの項目
(c) 共同して利用する者の範囲
(d) 利用する者の利用目的
(e) 個人データの管理について責任を有する者の氏名または名称および住所並びに法人の場合代表者の氏名

をあらかじめ本人に通知し、または本人が容易に知り得る状態に置いているときには、本人から同意を得ずに、共同利用者へ個人情報を提供することも、個人情報保護法は認めています（第27条第5項第3号）。

　共同利用については、カルチュア・コンビニエンス・クラブ株式会社が運営するポイントカード制度において、加盟店を共同利用者としてポイントカード運用主体との間で個人データを共同利用した事例が消費者から問題視された事案がありました。こうした事案も踏まえ、個人情報の保護に関する法律についてのガイドライン（通則編）3-6-3[8]では、上記(c)の共同して利用する者の範囲について、「本人がどの事業者まで将来利用されるか判断できる程度に明確にする必要がある」とされています。

　したがって、共同利用により複数の事業者間で個人データを共有する場合は、

・ユーザーからも一体としてみられ、お互いに責任を負うことができるような特定企業（資本関係のあるグループ企業等）との間で範囲を固定的・限定的に用いる
・それ以外の場合は、個別に同意を得て「第三者への提供」の形をとる

ようにし、安易に共同利用スキームを利用して情報を共有することは行わないほうが良いでしょう。

8 https://www.ppc.go.jp/personalinfo/legal/guidelines_tsusoku/#a3-6-3

8 外国にある第三者への提供には同意が必要

　2017年に施行された改正個人情報保護法では、ウェブサービス事業者が個人データを外国にある第三者に提供する場合には、原則として「外国にある第三者への個人データの提供を認める旨の本人の同意」を取得する義務が追加され（第28条第1項）、さらに2020年施行の改正法では、あらかじめ、以下の情報を提供する義務が追加されました（第28条第2項、施行規則第17条第2項）。

（a）当該外国の名称
（b）適切かつ合理的な方法により得られた当該外国における個人情報の保護に関する制度に関する情報
（c）当該第三者が講ずる個人情報の保護のための措置に関する情報

　ウェブサービスの運営においては、一部業務の委託先が外国事業者となり、その外国の委託先に個人データを提供する場合も少なくありません。その場合、プライバシーポリシーに上記情報を記載して同意を取得することになります。しかし、外国の委託先が増えるたびにその所在国の個人情報保護制度を調査し、調査内容を反映したプライバシーポリシーに変更し、変更についてユーザー全員から同意を取り直すのはかなりの費用、作業量および困難が伴います。

　そのため、実務上外国事業者を委託先として選定する際は、個人情報保護委員会のホームページで法制度の調査結果が公表されている主要国に所在する事業者に限定しておくことをお勧めします。

　その他、外国にある第三者への提供にあたっての具体的な義務については、「個人情報の保護に関する法律についてのガイドライン（外国にある第三者への提供編）」[9]を確認してください。

---

9 https://www.ppc.go.jp/personalinfo/legal/guidelines_offshore/

9 安全管理措置に関する公表

　個人情報保護法では、保有個人データの安全管理のために講じた措置を、「本人の知り得る状態（本人の求めに応じて遅滞なく回答する場合を含む。）」に置くことが求められています（第 32 条第 1 項第 4 号、施行令第 10 条第 1 号）。これに対応するため、プライバシーポリシーに安全管理措置の項目を置き、公表するのが一般的です。

　具体的な記載内容については、「個人情報の保護に関する法律についてのガイドライン（通則編）」3-8-1[10]にある記載例を参考に作成します。

　スタートアップ企業などで、安全管理措置の向上を目指し体制を整備している過程にある場合には、柔軟に安全管理措置の記載をアップデートできるよう、プライバシーポリシーには具体的な措置を記載せずに「本人の求めに応じて遅滞なく回答する」旨のみを記載し、問い合わせを受けた際には速やかに回答できるよう別途取りまとめておくといった対応方法を取ることが実務的です。

　なお、注意点として、安全管理措置に関しては、委託先に対する監督についても本人の知り得る状態に置く必要がありますが（「個人情報の保護に関する法律についてのガイドライン」に関する Q&A」9-4[11]）、ガイドライン通則編にある記載例には委託先に関する記載例がありませんので、自社と委託先の実態に即して独自に検討し作成する必要があります。

10 開示請求等はどう扱えばいいか

　個人情報保護法は、事業者に対し、

（a）本人からの保有個人データの利用目的の通知
（b）保有個人データ又は第三者提供の記録の開示
（c）保有個人データの訂正・追加・削除
（d）保有個人データの利用停止・消去・第三者提供の停止

10　https://www.ppc.go.jp/personalinfo/legal/guidelines_tsusoku/#a3-8-1
11　https://www.ppc.go.jp/personalinfo/faq/APPI_QA/#q9-4

の請求を受け付ける手続きを定めることを認めています（第37条第1項）。さらに、上記(a)・(b)の請求については、徴収する手数料の額を定めることもできます（第38条）。

　スタートアップ期のウェブサービス事業者に対し、このような法令に基づく請求を行うユーザーは、実際にはそれほど多くありません。しかし、ユーザー数が急増した場合などに備え、請求対応の際に混乱しないようにこれらをプライバシーポリシーに定めておく企業もあります。

　なお、開示請求等の手続きや費用について、プライバシーポリシーにどこまで詳しく書くかは悩ましい部分ですが、記載をコンパクトにしておきたいのであれば、

- 開示等の請求には、本人確認などの当社所定の手続きに従っていただく必要があること
- 利用目的の通知、保有個人データ又は第三者提供の記録の開示には、手数料が発生すること

のみを記載し、それ以外の詳細については、問合せ窓口に誘導する方法もあります。

11 プライバシーポリシーをどこに掲載すればいいか

　個人情報保護法は、以下の事項を「本人の知り得る状態（本人の求めに応じて遅滞なく回答する場合を含む。）」に置くことを義務付けています（第32条第1項）。これらの項目のほとんどが一般的なウェブサービスのプライバシーポリシー記載事項と重なることから、プライバシーポリシーの作成・掲載が事実上の義務となっています。

1. 個人情報取扱事業者の氏名・名称及び住所（法人の場合は代表者の氏名も）
2. 保有個人データの利用目的
3. 保有個人データの本人による法律に基づく請求に応じる手続（手数料を定めた場合はその金額も）
4. その他政令で定めるもの（保有個人データの安全管理のために講じた措置・苦情の申し出先・認定個人情報保護団体の名称等）

　具体的にどのような場所であれば「本人の知りうる状態」に置いたと認められるかについて、ウェブサービスのトップページから1回程度の遷移（クリック）で到達できる場所へ掲載しておくべきとされています（「個人情報の保護に関する法律についてのガイドライン（通則編）」2-15）[12]。なお6で解説したとおり、外部送信規律対応をプライバシーポリシーで行う場合にも、これと同程度のわかりやすい場所への掲載が求められています。

　加えて、個人情報の第三者提供を行う場合など、本人の「同意」手続きを要する利用を行う場合は、プライバシーポリシーに対しても個別に・明示的に承諾を得ることを検討しましょう。

▌Point
- プライバシーポリシーには、法令上の義務に対応する役割と、データの取扱い方針をユーザーに説明する役割の2つがある
- 個人情報の定義を正確に理解するためには、容易照合性を理解することがポイント
- 利用目的／第三者提供・委託先への開示・外部送信・共同利用・外国にある第三者への提供の有無／安全管理措置／開示請求等について整理し、わかりやすい場所に掲載し、必要に応じて同意を取る

12　https://www.ppc.go.jp/personalinfo/legal/guidelines_tsusoku/#a2-15

03
通信販売に不可欠な
「特定商取引法に基づく表示」

■ 「広告を行う際に表示すべき項目」なのに
ウェブサービスで対応が求められる理由

　有料でサービスを提供したり、商品を販売しているサイトには、ほとんど必ず「特定商取引法に基づく表示」というページがあります。このページは、特定商取引法という法律が「通信販売に関する広告を行う際に表示すべき項目」として指定している事項をまとめて表示することを目的としたものです。

　「広告」と聞くと、「商品やサービスを販売しているウェブサイトとは関係ないじゃないか」と思う方もいらっしゃるかもしれません。しかし、通常ウェブサービスにおいては、販売ページが広告の機能も自動的に持ってしまうことになるため、「広告を行う際」に該当することになるのです。

　なお、特定商取引法は専用ページを作ることまでは求めていません。しかし、事業者の名称・住所・問い合わせ先といった、販売するサービスや商品を問わず共通する情報は1つのページに取りまとめてしまったほうが、ユーザーにとってわかりやすく、UI（ユーザーインターフェース）の面でもすっきりさせることができます。そのため、多くのウェブサービス事業者は、この「特定商取引法に基づく表示」というページを設けています。

　つまり、「特定商取引法に基づく表示」というページは「設けなければ

ならない」という性質のものではなく、

・**特定商取引法に基づく表示義務を果たしつつ**
・**ウェブサービス事業者とユーザーの利便性を維持する**

ために設けられた「ツール」なのです。

■ 表示が求められる事項

　ウェブサービスに関し、特定商取引法が表示を求めている事項としては、以下のようなものがあります。[1]

① 対価・送料
　対価は、その商品・サービスごとに異なります。ですから、特定商取引法に基づく表示では「商品・サービス毎に記載」と記載するにとどめ、各商品・サービス紹介ページに記載することが一般的です。送料については、特定商取引に基づく表示でまとめて記載することも多いですが、実際に送料がいくらかかるのかを明確にする必要があります。そのため、「実費」や、「〇円～」という記載は NG です。

② 対価の支払時期と支払方法
　支払時期は、前払いの場合はその旨を、後払いの場合は具体的な支払期限を記載します。支払方法については、以下のような形式で、対応している方法をすべて記載する必要があります。

代金引換(商品代引)、クレジット決済(前払い)、paypal 決済(前払い)、銀行振込(前払い)、現金書留(前払い)

1 特定商取引法第 11 条、施行規則 8 条

③ 引き渡し時期・サービスの提供時期

　引き渡し時期については、期間（入金後○日以内）や期限を具体的に表示する必要があります。ただし、日数までは示さず、「速やかに」「直ちに」といった速やかに引き渡すことを意味する表現で定めることもできます。一方、「銀行振込の確認後に商品を発送します」という表現は発送時期が不明確であるため、認められません。なお、発送時期を表示すれば「引き渡し時期」を表示したことになります。

④ 返品特約

　ウェブサービスにおいては、そもそも「返品」という概念が当てはまらないケースも少なくありません。しかしそうであったとしても、返品を認めない旨を明示しなかった場合に、一定期間内に申込みの撤回または契約の解除を求められたときは、これに応じなければなりません。そのため、返品特約の明示は広く行われています。

⑤ 事業者の名称、住所、電話番号（法人の場合は、代表者または業務　　責任者の氏名も）

　個人で事業を営んでいる場合は、氏名または登記された商号、住所および電話番号を表示する必要があります。住所は現に活動している場所（私書箱などでは NG）を省略せずに記載しなければならず、電話番号は連絡のつく番号を記載しなければなりません。ただし、営業時間外に対応する必要まではありません。

　また、プラットフォーム上で出店している個人事業者やバーチャルオフィスを利用している事業者については、以下のような場合には、プラットフォーム事業者の住所及び電話番号や、バーチャルオフィスの住所及び電話番号を表示することとしても、特定商取引法の要請を満たすものと考えられています。

・当該個人事業者の通信販売に係る取引の活動が、当該プラットフォーム事業者の提供するプラットフォーム上で行われること

・当該プラットフォーム事業者又は当該バーチャルオフィスの住所及び電話番号が、当該個人事業者が通信販売に係る取引を行う際の連絡先としての機能を果たすことについて、当該個人事業者と当該プラットフォーム事業者又は当該バーチャルオフィス運営事業者との間で合意がなされていること

・当該プラットフォーム事業者又は当該バーチャルオフィス運営事業者は、当該個人事業者の現住所及び本人名義の電話番号を把握しており、当該プラットフォーム事業者又は当該バーチャルオフィス運営事業者と当該個人事業者との間で確実に連絡が取れる状態となっていること

　ただし、個人事業者、プラットフォーム事業者又はバーチャルオフィス運営事業者のいずれかが不誠実であり、消費者から連絡が取れないなどの事態が発生する場合には、特定商取引法上の表示義務を果たしたことにはなりませんので注意が必要です。

　上記の表示方法に対応しているかについては、自己判断はせず、利用するプラットフォーム事業者またはバーチャルオフィス運営事業者にご確認ください。

⑥ 申込みの有効期限があるとき：申込期限

　これは文字どおりです。申込みの期限がない場合は、記載する必要がありません。

⑦ 対価・送料以外に購入者等が負担すべき金銭があるとき：その内容と金額

　キャンセル料や梱包量などが該当します。送料と同様、実際にいくらかかるのかを明確にする必要があります。

⑧ 引き渡された商品が種類又は品質に関して契約の内容に適合しない場合に、販売業者の責任についての定めがあるときはその内容

通常、契約不適合に関する責任の特約は利用規約に記載するため、利用規約を参照するケースもよく見かけます。

⑨ ソフトウェアに関する取引である場合：ソフトウェアの動作環境

通常は、動作環境はソフトウェアごとに異なります。そのため、特定商取引法に基づく表示のページへの記載に適さない項目ですが、各ソフトウェアの説明ページを参照するよう記載しているケースもよく見かけます。

⑩ 契約を2回以上継続して締結する必要があるときは、その旨および販売条件又は提供条件

定期購入契約（いわゆるサブスクリプション契約）を想定した規定であり、消費者が支払うこととなる金額（各回ごとの商品・サービスの代金、送料及び支払総額等）や契約期間（商品・サービスの引渡しの回数）を消費者が容易に認識できるように表示することが求められています。

また、有期のトライアル利用後に、キャンセルをしなければ期間の定めがない本契約に移行するような場合には、本契約については期限の定めがないため消費者が支払うこととなる金額の総額を表示することができませんので、例えば、半年分や1年分など、まとまった単位での購入価格を目安として表示するなどして、当該契約に基づく商品・サービスの引渡しや代金の支払が1回限りではないことを消費者が容易に認識できるようにすることが望ましいと考えられています。[2]

⑪ 販売数量制限等の特別な販売条件があるとき：販売条件の内容

「先着100個限定」など、特別な販売条件がある場合はここに記載します。もっとも、そのような場合は商品・サービスや販売時期ごとにばらばらであり、商品・サービスの紹介ページに記載していることが多いでしょうから、特定商取引法に基づく表示のページでは特に記載しないか、「条件がある場合は商品・サービスごとに記載」などと記載

するにとどめておくケースも多いです。

⑫ 広告表示しない事項について問合せした者に対して回答するために
交付する書面等の費用を負担させるとき：負担金額

⑬ 電子メールで広告をするとき：電子メールアドレス

　上記の特定商取引法の具体的な表記方法については、消費者庁の「特定商取引法ガイド[3]」の広告規制についての説明も非常に参考になるので、あわせて参照してください。

■ 広告の表示事項を省略できる場合もある

　上記項目のうち、一定の事項については、

・「遅滞なく」提供することを広告に表示し
・かつ、実際に請求があった場合に「遅滞なく」提供できるような措置を講じている

ことを条件に、その記載を省略することも、特定商取引法第 11 条但書並びに同規則第 10 条 1 項及び 2 項に定められた例外として認められています。どの事項を省略できるかについては、消費者庁の「特定商取引法ガイド[4]」もあわせて参照してください。

　この例外規定は、本来は、いわゆる「商品イメージ広告」などにおいて、広告スペースが限られているために「価格などの詳細な条件は別途資料請求に応じて提供する場合」などを想定しているものです。したがって、表示スペースに物理的な限界がないウェブサービスでこの例外を適用するのは困難であると考えた方が安全です。

　とはいえ、電話番号については、実務上の負担を理由に、この例外規

3 https://www.no-trouble.caa.go.jp/
4 https://www.no-trouble.caa.go.jp/what/mailorder/

定に基づき、記載を省略しているケースがあります。ユーザーからの個別の要望があれば、省略した電話番号等の情報を遅滞なく提供することで対応するという方法をとることも、必ずしも違法ではありません。ただし、ユーザーがどこに連絡すれば情報を得られるのかが明確にわかるよう、記載する必要があります。

　たとえば、株式会社カカクコムの「価格.com プラス　特定商取引法に関する表示」の画面では、以下図1-7のような表示となっています。

■ 図1-7 ｜ 株式会社カカクコム「価格.comプラス　特定商取引法に関する表示」画面[5]（2024年1月時点）

---

5 https://help.kakaku.com/tokushou_kakakuplus.html

■ 実は通信販売にはクーリングオフがない

　特に理由がなくても、一定期間内は購入者が申込みの撤回や契約の解除を行える、「クーリングオフ」という制度があります。しかし、実は通信販売にはクーリングオフの制度はありません。よく誤解されている点なのですが、消費者庁の「特定商取引法ガイド」においても、「通信販売にはクーリングオフに関する規定はありません」とはっきりと記載されています。[6]

　もっとも、通信販売においては「届いてみたら、期待していたものと違っていた」というケースが発生しやすいのはまちがいありません。そのため、ユーザーが安心して申し込めるよう、クーリングオフと同等の返品受け付けを自発的に認めているサービスも少なくありません。

　また、返品を受け付けない方針であっても、返品特約を正しく表示していない場合は、「ユーザーは購入してから8日間は、ユーザーの費用負担で返品できる」という権利が特定商取引法上認められています。そのため、返品特約の表示が漏れてしまうと、クーリングオフと似たような効果が発生します。しかし、強制的に適用されるクーリングオフとは異なり、「お客様都合での返品は一切お受けできません」といった表示をきちんとしていれば、お客様都合での返品を受け付ける必要はないのです。

　Amazonのように、さまざまな商品・サービスを取り扱うECサイトでは、注文を確定する画面の中に返品条件の概要を記載した上で、商品・サービスの特性ごとに異なる詳しい返品条件についてリンク先にまとめて表示をする方式を使用しています。

6 https://www.no-trouble.caa.go.jp/qa/advertising.html　Q12

最終確認画面への表示にも注意
～「特定申込み」についての規制

「特定商取引法の表示」を作って、リンクを貼ればそれでおわりという わけではありません。特定商取引法においては、インターネットを利用 した通信販売において契約の申込みが行われる場合は、「特定申込み」に あたるとして、ユーザーが特に慎重に確認できるような仕組みを設けな ければならないことになっているからです。

具体的には、申込ボタンをクリックすることにより申込みが完了する ことになる「最終確認画面」（図1-9）においても、以下のような事項を記 載しなければならないこととされています。そして、この表示が適切に なされていないことにより、その事項についてユーザーに誤解が生じた 場合は、ユーザーは申込みを取り消すことができることとなっています （特定商取引法第12条の6）。

1. 分量（サブスクリプションの場合はサービスの提供期間）
2. 販売価格（サービスの対価）（送料についても表示が必要）
3. 代金（対価）の支払時期、方法
4. 商品・サービスの引渡時期（権利の移転時期、サービスの提供時期）
5. 申込みの期間に関する定めがあるときは、その旨及びその内容
6. 契約の申込みの撤回又は解除に関する事項（売買契約に係る返品特約がある場合はその内容を含む。）

　この「特定申込み」についての規制は、冒頭に記載した特定商取引法上の「広告」についての規制とは異なるものである点については、注意が必要です。消費者庁の「通信販売の申込み段階における表示についてのガイドライン[7]」では、インターネット通販における最終確認画面においては、画面のスクロールなどが可能なため、原則として表示事項を網羅的に表示することが望ましいとしつつ、消費者が明確に認識できることを前提として、上記の3〜6については、最終確認画面から「特定商取引法に基づく表示」などの別ページへのリンクを貼り、そちらを参照することも妨げられないとしています。

　どこまでを最終確認画面に具体的に記載するかは、ユーザーインターフェースとの関係でも非常に悩ましいところですが、その記載をしないことで誤解を与えそうな事項については、具体的に記載しておくのが望ましいと考えます。特に、サブスクリプション契約の条件や解約の条件などについては、トラブルも生じやすいところですので、ユーザーに誤解を与えないように、最終確認画面においても、明確に記載しておくようにしましょう。

　なお、最終確認画面での表示が充実しておらず、申込時の誤認が生じやすいような画面構成の場合は、電子消費者契約法上も取消しが認められる可能性があるため、特定商取引法に従って最終確認画面を充実させることは、同法への対応にもなります。

7　https://www.no-trouble.caa.go.jp/pdf/20230421la02_09.pdf

■ 図1-9│消費者庁「通信販売の申込み段階における表示についてのガイドライン」 画面例4-2 第12条の6に違反しないと考えられる表示

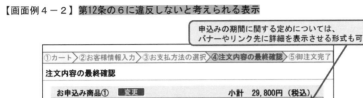

【画面例４－２】第12条の６に違反しないと考えられる表示

申込みの期間に関する定めについては、バナーやリンク先に詳細を表示させる形式も可

①カート ②お客様情報入力 ③お支払方法の選択 ④注文内容の最終確認 ⑤御注文完了

注文内容の最終確認

お申込み商品① 変更		小計 29,800円（税込）

商品画像

商品名	特選おせち 三段重
商品価格	29,800円（税込）

期間限定商品
詳細はバナーをクリック

数量 1

お申込み商品② 変更		小計 440円（税込）

商品画像

商品名	割り箸（10膳入り）
商品価格	220円（税込）

数量 2

お支払い方法 変更
＊クレジットカード払い（一括）
カード名義人：SYOUHI TARO
カード番号：****-****-****-XXXX
有効期限：XX/XXXX

小計（税込）	30,240円
送料（税込）	300円
お支払総額（税込）	30,540円

お届け先　シ ョ ウ ヒ　タ ロ ウ　消費 太郎 様　〒100-XXXX　東京都千代田区霞が関×－×－×　変更

発送方法　宅配便（御自宅へのお届け）　変更
お届け日時　1月1日午前中にお届け

御注文完了後のキャンセル・返品について

・御注文完了後２時間以内は、ウェブサイトのマイページ内でのお手続により御注文のキャンセルが可能です。

・商品が到着した日から７日以内は、原則として返品（全額返金）を承ります。ただし、食品については、お客様都合での返品は受け付けておりません。

・返送料については、不良品の返品についてのみ当社負担となります。

　★手続等の詳細は「キャンセル及び返品について」を御確認ください。

ＴＯＰページに戻る
（注文は確定されません）

注文を確定する

解除等に関する事項については、端的な表示が困難かつ全ての事項を表示すると分量が多くなるなど、消費者に分かりにくくなるような事情がある場合に限り、リンク先に対象事項を明確に表示する方法やクリックにより表示される別ウィンドウ等に詳細を表示する方法も可

Point

- 販売ページが広告機能も有することとなるウェブサービスは、特定商取引法の規制を受ける

- 広告規制として、申込画面等に表示が必須となる事項と、省略可能な事項がある

- 広告規制としての表示義務とは別に、ユーザーから特定申込み（契約の申込み）を受ける際には、最終確認画面の表示義務も存在する

トラブルを回避するための注意点と対処法

Prologue

ある起業家から
弁護士への相談

　新しいウェブサービスを立ち上げるときは、夢がどんどん膨らんでいくものです。しかし、理想ばかり描いていると、弁護士や法務担当者としての経験から、「ああ、これではリスクに潰されるだけでたぶんうまくいかないだろうな……」と思えてしまうことが少なくありません。

　そんな起業家と弁護士との「あるある」な相談例を見ながら、ウェブサービスのリスクと利用規約の関係について、整理してみましょう。

起業家　先生、また新しいウェブサービスを立ち上げることにしました！　今度は生成 AI 関連のサービスです。

弁護士　ほう。生成 AI で何をやるつもりなの？

起業家　自分のコピーをウェブ上で作れるサービスです！　現実にいる人の発言を学習させることで、いかにもその人っぽい発言を生成する AI モデルができたので、そこに声や見た目も取り込んで、音声認識と音声合成で会話したら、ほぼ本人というわけです。

弁護士　それはすごいね。

起業家　試しに先生の AI も作りましょうか。AI に法律相談の対応をさせたら、先生も少しは休めるようになると思いますよ。

弁護士　おもしろそうだけど、AI の仕様によっては私が法律に違反することになっちゃうから、やめておくよ。

起業家　いやいや先生、法規制なんて気にしてたら、イノベーションは

起こせませんよ！ ➡ 01（P.077）

弁護士 なるほどね。今日は私に怒られに来たのかな？

起業家 や、やだなぁ、冗談ですよ。今回お伺いしたのは、このサービスの利用規約を作ってもらいたいからなんです。

弁護士 もちろん、そういうことなら相談にのるよ。一応確認しておくけど、<u>日本の法律を前提にした利用規約でいいのかな？</u> ➡ 02（P.084）もし海外展開も視野に入れてるなら、海外の AI に関する法律もチェックしないとならないからね。

起業家 海外は AI の競合が多いですし、言語の問題もあるので、大型資金調達ができるまでは日本だけでやるつもりです。だから、サービス名も純和風にしてみました。

弁護士 もうサービス名も決まってるんだ。商標の調査は終わってるのかな？

起業家 <u>ネット検索して同じ名前のサービスがなかったんですけど、それでも商標を調査する必要ってありますか？</u> ➡ 03（P.088）

弁護士 そうだね。サービス名はちゃんと商標権の調査をしておいたほうがいいね。ところで、このサービスはどうやってマネタイズする予定なの？

起業家 基本は無料で、プレミアムな機能を利用したい方に課金する、フリーミアムモデルで始めることになると思います。

弁護士 フリーミアムだとバズったときに持ち出しが発生することになると思うけど、資金繰りは大丈夫なの？

起業家 そういわれると、あまり大丈夫ではないですね。入金が少しでも早くなるように、<u>事前にポイントを購入してもらう課金方式</u> ➡ 04（P.093）にしようかな。

弁護士 なるほど。事前にポイントを買ってもらうのであれば、有効期限を設定することも検討したほうが良さそうだね。

起業家 どうしてですか？

弁護士 有償でポイントを販売すると、基本は国への届出や登録が必要

で、しかも、使用されていないポイントの残高に応じて計算された金額を国に供託しなきゃいけないとかのいろいろな義務が生じるんだけど、有効期限を設定することでその義務を発生させないようにすることができる場合もあるんだよ。

起業家 色んなところに規制があるんですね。それなら、シンプルに定額課金のサブスクリプションサービスにした方がいいのかもしれないなぁ。

弁護士 確かに、月額課金であれば届出などはいらないし、収益的にも安定させやすいだろうね。今どきのウェブサービスは大抵定額課金になっているから、ユーザーの抵抗も以前よりはだいぶ小さくなっているはずだし、良いんじゃないかな。

起業家 そうですよね！ サブスクなら、一見安い月額料金だけ見せつつ年間契約必須にしたり、退会の導線をわかりづらくしておいて、使わなくなったユーザーにもそのまま課金し続けたりすることができるかもしれない➡ 05（P.101）ですもんね。

弁護士 最近、君のような考え方をする事業者に対する規制ができたんだけどね。今まさに、その必要性を痛感したよ。

起業家 えー、これも規制されるんですか。そうしたら他にもなにか考えないとな。そうだ！ AIの学習用データについては著作権を気にしなくて良いって話を聞いたことがあるんですけど、であれば、ユーザーがアップロードした学習用データを転用して収益化することはできないかな……。

弁護士 それは危ないね。たしかに、他の人が著作権を持っているデータであっても、AIの学習に使う場合は著作権違反にならないケースもある➡ 06（P.113）けど、AIの学習用データにも著作権自体はちゃんと発生するから、データを販売するような場合には著作権の処理は必要になるんだよ。

起業家 そうなんですね。では、どうするかは未定ですが、念のため同意を取っておくようにしますか。まあ、同意をとるっていって

も、いつもみたいにアカウントを作るときに『利用規約に同意して申し込む』ってボタンを押してもらう→ 07(P.122)だけでいいですよね？

弁護士　最低限、その対応は必要だろうね。あとは、一口に『同意』といっても、著作権の譲渡まで求めるのか、利用許諾で良いのか、利用許諾で良いとしても制限はかけるのかといった条件によってユーザーの受け止めは随分変わる→ 08(P.133)から、いずれにしても慎重に考える必要があるよ。そもそも、ユーザーの中には、AI の学習目的でデータをアップロードしているだけで、他の目的に転用されるとは思わない人もいるだろうから、後で『そんな同意はしていない』というクレームにつながったり、サービスのレピュテーションに悪影響が生じてしまうことも充分に考えられるよね。本当にそんなリスクを負ってまでやるべきことなのかは、よく考えることをお勧めするよ。

起業家　うーん、では、ユーザーが登録した属性情報と、ユーザーが学習用データとしてアップロードした動画を分析して、企業向けに販売できるレポートを作るのはどうでしょう。ユーザーは、できるだけ自分に似せた AI を作るために人には秘密にしているディープな情報も動画に入れるんじゃないかと思っていて、もしそうであれば、アンケートでは取れないような独自性の高い情報を取れる可能性があるんです。あ、もちろん、個人情報は特定の個人を識別できないように加工した上で販売しますよ。

弁護士　おもしろそうではあるけど、特定の個人を識別できないように加工すれば、個人情報を自由に使えるようになるってわけではないんだよ。→ 09(P.143)それに、ユーザーの期待とズレた使い方をしているという意味では、さっきの学習用データの転用と同じだよね。

起業家　そう言われると、たしかに……。学習用データの流用は筋が悪そうなので、諦めることにしますか。

弁護士 　その方がいいと思うよ。他に、何か考えていることはある？

起業家 　そうですね、ユーザーが作った AI を、他のユーザーに有料で譲渡したり利用させたりできるようにして、その CtoC 取引の手数料を収益源にする、プラットフォームサービスに育てていくのはどうでしょう。元々は自分のコピーのような AI アバターを作れるサービスって考えてましたけど、学習用データさえ手に入るのであれば誰のそっくりさんでも作れるので。<u>料金はうちに一旦支払ってもらって売り手のアカウントに紐づけて管理</u>→ 10(P.162)すれば、課題だった資金繰りの面でも助かるし。有名人の AI が出てきたら、結構人気が出るんじゃないかなぁ。

弁護士 　ユーザーがアップロードしたデータを転用するよりは、収益化の方向としては真っ当だと思うよ。とはいえ、その AI の売買や利用許諾の契約当事者が誰なのか→ 11(P.168)、とか、他人の権利を侵害することを目的とした AI が販売されたらどうするのか、とか、考えなければならないことは新たに出てはくるけどね。他にも、<u>有名人の AI という触れ込みで集客をするのであれば、パブリシティ権についても問題</u>→ 12(P.173)になる可能性があるな。

起業家 　色々考えなければならないことが山積みですね。とはいえ、僕がやるのは AI 取引のプラットフォームに過ぎないから、仮にAI を使って他人の権利が侵害されるようなことがあっても、責任を問われるのは作ったユーザーであって、僕が責任を追及されるようなことにはならないんですよね？

弁護士 　いや、そうでもないんだよ。権利侵害を直接引き起こしたユーザーが責任を問われるのはもちろんだけど、<u>プラットフォーマーがそれを知りながら放置していたら、プラットフォーマーも責任を問われる</u>→ 13(P.179)可能性もあるんだ。

起業家 　えー！　であれば、利用規約でしっかり禁止事項として定めておいて、そんなことにならないようにしておかなきゃなりませ

んね。

弁護士　うーん、<u>利用規約で禁止するだけじゃ、実際の侵害を止めることは難しいんだよね。</u> → 14（P.186）利用規約に何が書いてあるかを理解しているユーザーなんて、ごく一部だからさ。

起業家　確かに、僕も利用規約はあまり読まないもんな。そうしたら、利用規約に『一切責任を負わない』って明記しておくのはどうです？

弁護士　ユーザーの行動をコントロールすることはできない以上、完全に免責を受けたいという気持ちはすごくわかるんだけど、<u>消費者契約法という法律があって、『一切責任を負わない』という条件はその法律によって無効となる可能性がすごく高い</u> → 15（P.193）んだ。まぁ、可能な範囲で責任を回避する条件を設定することにしよう。

起業家　よろしくお願いします。一度使ってみたら、誰でも虜になる魅力があると自負しているので、とにかく早くリリースして、一人でも多くの人に使ってもらいたいんですよね。まずは知ってもらわなければ話にならないので、<u>マーケティングもアグレッシブにやりますよ。先生も、1ユーザーのフリをして先生のSNSアカウントで拡散に協力してくださいね！　当然、褒め言葉以外は禁止ですからね。</u> → 16（P.202）

弁護士　ここまでストレートにステマの依頼をされると、むしろ清々しさを感じるな。

起業家　この前作った出会い系サービスのユーザーにも<u>メールを送って案内</u> → 17（P.211）しよう。サービスを知ってもらうためにやれることは何でもやらなきゃ。完全無料って件名に書けばアクセスしてくれる人も増えるかな。

弁護士　サブスクも検討しているんだから完全無料ではないでしょ。誇大広告でユーザーを集めちゃだめだよ。

起業家　わかりました！　いやー、成功する絵が見えてきた。大人も

子供もこのサービスを使ってどんどん AI を作る世界。ワクワクするなあ。

弁護士 そうか、子供も使うことを想定したサービスなんだね。

起業家 もちろんです。インターネットにアクセスできる全国民に使ってもらいたいくらいですね。

弁護士 いつもながら、すごい意気込みだね。そうしたら、課金まわりで考慮しないとならないことが出てくるから、あとでメールするよ。未成年者は、親の同意がない契約の取り消しができる ➡ 18（P.216）からね。

起業家 ありがとうございます。うまく軌道に乗ったら、スマホアプリにもしていきたいと思っているので、スマホアプリにも使える利用規約にもなりますか？

弁護士 基本的には問題ないけど、さっき話した有償ポイントについては難しいかもしれないな。アプリの配信プラットフォームの規約に違反してしまうかもしれない ➡ 19（P.222）んだ。プラットフォームの規約はいつの間にか変わっていることもあるので、後で最新版の規約を確認してみよう。

起業家 よろしくお願いします。このサービスが軌道に乗ったら事業を丸ごと欲しがる人も出てくるんじゃないかな。そうなったら売却も検討しないと。 ➡ 20（P.227）

弁護士 まったく。まだ始まってもいないのに気が早いんだよな。そんなことより、このサービスの問題について検討していこうか。

01

規制とうまくつきあうには

■ ビジネスを潰さず、最小限のリソースで対応する ための考え方

　世の中にはさまざまな規制が存在しており、私たちはその規制の中でビジネスを営んでいます。しかし、日々進化を続けているウェブビジネスの世界では、

「規制が実状にそぐわないんじゃないか？」
「規制を無視したほうが良い結果をもたらすのではないか？」

と感じるケースも少なくありません。

　そのようなケースを前にしたときに、「いっそのこと、規制に縛られずにビジネスを立ち上げてしまいたい」という気持ちになるのはとてもよくわかります。しかし、規制に立ち向かうようなビジネスを「スタートアップは規制に縛られていたらダメだ！」といった想い"だけ"に基づいて始めると、事業が成長し、さぁこれからという段階で、規制違反をとがめられて業務を継続できなくなるといった残念な結果に終わってしまう可能性があります。

　一方で、資金的にも人的にもリソースが限られているスタートアップにとっては、世の中に無数にある規制を事前にすべて調べあげ、遵守する体制を作ることは非常に困難でしょう。そこで、「最低限押さえてお

かなければならない点を、効率的にカバーする」という観点で、

・ウェブサービスに関連する可能性が高い規制についてはざっくり把握して
  おいて
・規制に関連するビジネスを立ち上げる際には、ポイントを絞ってしっかり
  調査する

というスタンスをとるのがおすすめです。

■ ウェブサービスの6つの類型からわかる関連規制

表 2-1 で、規制対象となりうるウェブサービスの代表的なものを 6 つ
のモデルに類型化してみました。企画するウェブサービスがこの 6 類型
に合致する場合は、法律による規制を受ける可能性が高くなります。

■ 表2-1│ウェブサービスの6つの類型モデルと関連規制

モデル	提供するサービス・商品・情報財	規制する法律	難易度
仲介型	物件の賃貸や売買の仲介	宅地建物取引業法	高
	求人求職情報の仲介	職業安定法	中
	旅行・ホテル情報の仲介	旅行業法	中
	個人宅の空き部屋宿泊の仲介	旅館業法	中
	紛争解決への介入	弁護士法	高
コミュニケーション型	チャットやメール等私信の媒介	電気通信事業法	中
	異性同士の出会いの機会提供	出会い系サイト規制法	中
口コミ広告型	広告依頼主を表示しない形での評判生成	景品表示法、不正競争防止法	低

EC型	食品の販売	食品衛生法、食品表示法	低
	酒の販売	酒税法	中
	薬の販売	薬機法	高
ゲーム型	課金ゲームの提供	景品表示法、資金決済法	中
	賞金付きゲーム大会の主催	刑法（賭博罪・賭博開帳等図利罪）、景品表示法	低
金融サービス型	クラウドファンディング	金融商品取引法、出資法、銀行法、資金決済法	高
	決済の代行	出資法、銀行法、資金決済法	高
	金融商品選択・投資のアドバイス	金融商品取引法	高
	債権回収の代行	弁護士法、債権管理回収業に関する特別措置法	高

　もっとも、たとえ法律による規制を受ける場合であっても、サービスの提供が全面的に禁止されるわけではありません。むしろ、単に所定の手続きを履行する必要があるだけであったり、必要な要件を満たす必要があるだけのことがほとんどです。そのため、この6つの類型のどれかに当てはまるビジネスであっても、くわしく調査する前にあきらめてしまう必要はまったくありません。例えば、表2-1において難易度「低」とされているサービスについては、許認可等は不要であり、法規制の遵守は決して難しいものではないのです。

■ もしも規制に抵触するかもしれないことがわかったら

「どういう理屈を立てても、あきらかに規制に抵触する」

という結論に至った場合には、それがたとえ「規制のほうがおかしいんじゃないか？」と感じるものであったとしても、規制を無視してビジネスを進めることは得策ではありません。たとえば、特定ユーザー間で通

信を行う場合は、電気通信事業法により届出が必要となり、通信の秘密保護などの義務を負うこととなります。

　メールやチャットがこれほど普及し、あたりまえのものになっているのに、同様の機能をサービスに含めただけでこのような負担を求められるのは時代錯誤と思う方もいるかもしれません。しかし、「時代錯誤だから」と届出を行わずに通信サービスを提供し、監督官庁から届出の不備を指摘されるようなことになっては、届出が完了するまでサービス運営を中断する必要が生じたり、必要な届出を行わないような会社としてユーザーからの信用を失うことにも繋がったりすることで、法規制を遵守するコストよりも大きな痛手を被ることにもなりかねません。

　では、

「考えようによっては規制に抵触しているとも、していないとも考えられる」

というケースではどうすればいいのでしょうか。

　このようなケースで最も重要なのは「どのような理屈で、規制に抵触していないと考えられるのか」を明確にしておくことです。

　たとえば、2 章の Prologue に登場した起業家は、法律相談の対応をAI によって自動化するというアイデアを披露して、弁護士から仕様によっては法律に違反する可能性があるとの指摘をされていますが、ここで違反の可能性があると指摘されている根拠法令は、弁護士法第 72 条です。この条文は、以下の要件を満たす行為を禁止しています。

---

　① 弁護士又は弁護士法人でない者は、

　② 報酬を得る目的で

　③ 法律事件に関して

　④ 法律事務を取り扱い、又は周旋を

　⑤ 業とすること

もし、AIによる法律相談対応サービスを提供する場合であっても、この5つの要件に照らして弁護士法第72条の禁止行為に該当しないという合理的な説明を準備できていれば、「規制に抵触している」との指摘を受けた場合にも、説得力のある反論をすることができます。

　具体的には、①については株式会社であれば反論する余地がなく、②や⑤についても、事業の一環として実施する以上は該当することをほぼ避けられない要件なので、自社のサービスが③の「法律事件」や④の「法律事務」を取り扱っていないことについて合理的な説明ができるか、がポイントになります。[1]

　なお、適法性に関する説明が最終的に認められなかったとしても、それが合理的なものであればあるほど、対応するための時間を確保することができ、必要に応じて事業を軌道修正できる可能性も高くなるという意味では無駄にはなることはありません。また、ユーザーや世論から適法性について疑念の目を向けられた際に、迅速かつ適切に対応することが可能になるというのも大きなポイントです。

■ 規制の適用を過度に恐れない

　これまで、規制の適用を受けないようにすることを前提にお話をしましたが、規制によっては、遵守することが難しくないものもあります。

　「規制がある」というと、どうしても敷居が高いイメージがつきまといます。しかし、遵守することが難しくない規制については、規制を回避することに力を注ぐよりも、むしろ規制にそってビジネスを展開したほうが、かえって素早く、かつコストをかけずにサービスを提供することができます。

　たとえば、前述の電気通信事業法についていえば、届出自体は難しい手続きではありません。そのため、電気通信事業者に該当しないように工夫するよりも、電気通信事業法に従って届出をしてしまったほうが、

1　法務省「AI等を用いた契約書等関連業務支援サービスの提供と弁護士法第72条との関係について」
　https://www.moj.go.jp/content/001400675.pdf

ずっと簡単に規制に対応することができるのです。実際、多くの IT 関連の事業会社では、電気通信事業法の届出を行っています。

　また、規制分野で新しいビジネスを展開することは、大企業、特に上場企業にとっては難しい（決裁が下りるまで時間がかかる）傾向があります。これは、機を見るに敏なスタートアップ企業にとってはチャンスが多いと言えます。

　なお、規制が存在する領域で新規事業の立ち上げを狙っているウェブサービス事業者は、

(1)規制の解釈や適用の有無を事業の開始前に確認する制度である「グレーゾーン解消制度」

(2)参加者や期間等を限定した実証実験を行い、規制の見直しに繋げていく制度である「規制のサンドボックス制度」

(3)事業活動の支障となっている規制の特例措置を提案し、特定の事業者と事業を対象にした特例措置を認める制度である「新事業特例制度」

の活用も検討することをお勧めします[2]。

　2023 年時点では、スタートアップから新規事業に関する相談を受け、障害となる規制法令を特定し、法律上の論点整理を行い、前述の各制度の活用に繋げる制度が運用されていますので、この様な制度も活用しつつ、規制を過度に恐れず、そして軽視しすぎることもなく、うまく規制と付き合っていきましょう。

---

2 経済産業省「グレーゾーン解消制度・プロジェクト型『規制のサンドボックス』・新事業特例制度」
　https://www.meti.go.jp/policy/jigyou_saisei/kyousouryoku_kyouka/shinjigyo-
　kaitakuseidosuishin/index.html

Point

- 明らかに規制に抵触するビジネスは、考えなしに立ち上げても、持続させることはまず無理
- 規制のグレーゾーンでビジネスを展開する場合は、「自分のビジネスが規制に抵触しない理屈」をしっかり固めておく
- 遵守することが難しくない規制については、回避ではなく遵守を前提に対応していくことがおすすめ

02

戦う土俵は「日本」とは限らない
～準拠法と裁判管轄の合意

■ 世界を相手にできるウェブサービスならではの問題が

ウェブサービスの良いところのひとつに、「世界中のユーザーに、直接サービスを提供できる」という点があります。しかし、ユーザーと法的な争いをしなければならなくなったときは、世界中にユーザーがいるということが仇となる場合があります。

たとえば、以下のような事例を考えてみましょう。

> あなたが東京に本社を置く情報提供型ウェブサービス事業者の担当者で、ユーザーの山田さんがシンガポールに住む日本人だったとします。
>
> 山田さんのサービスの対価の支払いが遅れており、山田さんはあなたが何度支払いの催促をしてもサービスの対価を振り込んでくれません。山田さん曰く、支払いを行わない理由は、「期待した情報が得られなかったから」だそうです。
>
> 半年間にわたって話し合いを続けたものの、議論は平行線をたどるばかり。いよいよ法的手段に打って出るしかなさそうだ……でも、いったいどこの国の法律に基づいて、どこに申し立てをしたらいいんだろう……。

相手方が国内に居住していれば、日本の法律に基づいて、日本の裁判所で訴訟手続きを行うことで、特に問題は発生しません。

しかし、山田さんは日本人ですが、シンガポールに住んでいます。当然のことながら、日本の法律が世界のどこでも常に適用されるわけではありません。シンガポールに居住している山田さんと契約を締結しているわけですから、日本の法律ではなく、シンガポールの法律が適用される可能性を検討する必要が出てくるのです。

　ちなみに、日本の法律である「法の適用に関する通則法」第11条第5項にも、消費者契約において、「準拠法の指定がない場合は、消費者の常居所地法が準拠法となる」ことが定められています。

　さらに、争う場所についても、紛争になってから「どこで紛争解決するか」を話しあったところで、シンガポールと東京は5,000km超も離れています。お互いに、訴訟のために相手の国に旅費をかけてわざわざ行きたくはないでしょうから、まちがいなく揉めることになります。

　日本人相手に国内で営むビジネスと違い、国をまたがるウェブサービスで紛争が発生すると、このようなことを整理する必要が生じてしまうのです。

■ トラブルを予防するためにおさえておくべき 2つのポイント

　上記のような事態に陥らないためには、日本の事業者であり、東京に本社があるのであれば、

・**日本法を準拠法とする**
・**東京地方裁判所を第一審の専属的合意管轄裁判所とする**

旨を、利用規約に規定しておくようにします。

　「日本法を準拠法とする」の意味は、利用規約の解釈で揉めたときや、利用規約に定めのない事項について争いがあったときに、「日本の法律をもって解釈し、適用する」ということです。

　また、「東京地方裁判所を第一審の専属的合意管轄裁判所とする」の意

味は、利用規約を巡って紛争が生じたときは「東京地方裁判所における訴訟で紛争を解決する」ということです。

　裁判管轄は、原則としては書面により合意する必要があります。しかし、合意内容を記した電磁的記録によって合意がなされれば、書面によって合意されたものとみなされます（民事訴訟法第11条第3項）。そのため、ウェブ上で同意のクリックをしたタイムスタンプと、その同意内容としての利用規約の文面は極力保存しておきましょう。

　ただし、消費者が相手の場合、準拠法の定めにかかわらず、その消費者が自らの常居所地の消費者保護法規中の強行規定に基づいて特定の効果を主張したときには、その強行規定による保護を受けることができます（法の適用に関する通則法第11条第1項）。つまり、事業者が利用規約に自分に有利な準拠法を定めていても、消費者に有利な準拠法が適用されるケースもあるのです。

　また、裁判管轄についても、消費者が自ら合意管轄裁判所に訴えを提起したとき、または事業者の合意管轄裁判所への提訴に対して消費者が当該管轄合意を援用したときでなければ、非専属的管轄合意とみなされて拘束力を持たなくなるため、注意してください（民事訴訟法第3条の7第1項・第5項）。

Point

- ●ユーザーとの間で法的な争いが発生した場合に備え、サービス事業者にとって使いやすい準拠法と紛争解決方法を利用規約に明記しておく
- ●準拠法や裁判管轄の規定には限界がある

日本以外の国では
サービスが違法になる可能性もある

　ここでは、ユーザーとの紛争に着目して準拠法の問題に触れました。しかし、ビジネスモデルの適法性が問題となるケースがあることにも注意が必要です。

　日本では問題とならないウェブサービスが、ほかの国では違法となる可能性もあります。特に、センシティブな個人情報を取扱うビジネスについて、EU を中心に、日本よりも厳しい規制や罰則を課している国・地域は少なくありません。大量のアクセスが想定される国・地域があるようなウェブサービスについては、必要に応じて、当該国・地域の法律にくわしい弁護士に適法性や法的な注意点がないかについて相談すべきでしょう。

03

そのサービス名、
使って大丈夫ですか？
〜商標権の登録と侵害

■ 自分で考えたサービス名を使えるとは限らない

　ウェブサービスのサービス名や商品名は、特許庁に登録することで、指定したサービスや商品について独占して使用することができるようになります（商標法第 18 条）。この独占的な使用権を「商標権」といいます。

　そして、「商標権を持つ人がサービス名を独占的に使用できる」ということを逆に言えば、オリジナルのサービス名であっても、他の人に商標権を取られてしまっていた場合には、その商標権の範囲ではオリジナルのサービス名を使うことができないということでもあります。このような悲劇を避けるためには、サービス名をつけるタイミングで、既存の商標権を侵害していないかを調査することが重要になります。

　商標権は、商標登録することではじめて発生する権利です。また、登録されている商標は、図 2-1 の特許情報プラットフォーム[1]を使えば、だれでも無料で検索することができます。読み方（称呼）によって類似の商標を簡易チェックできるので、適切な調査をすれば、商標権を侵害するサービス名でウェブサービスをリリースしてしまうような事態はある程度防ぐことができます。

　しかし、ここで気をつけなければならないのは、商標権は、出願の際に商品やサービスを指定する必要があり（商標法第 6 条第 1 項）、指定した商品やサービスと関連しないものについては原則として効果が及ばな

1　特許情報プラットフォーム（j-platpat）
　https://www.j-platpat.inpit.go.jp/

いということです。たとえば、誰かが楽器やお菓子の名称として既に登録済みの商標であっても、非常に著名な商標であるといった特殊事情がない限り、ウェブサービスの名称として使用や商標登録をする際の妨げにはなりません。

　なお、商標間の類似性は読み方（称呼）だけでなく、見た目（外観）、イメージ（観念）といった要素を複合的に考慮して判断する必要があります。また、読み方（称呼）で特許情報プラットフォームを検索する方法はあくまで簡易チェックに過ぎず、これだけでは類似の商標かどうかを正確に見極めることはできません。

　このように、必要な情報を収集し、商標権侵害になるかどうかを判断するためには専門的な知識が必要になることから、商標権の調査はプロである弁理士に依頼するのが安全です。

■ 後出しじゃんけんに負けることも

　適切な調査を行うことでウェブサービスのサービス名が商標権を侵害しないことを確認した場合でも、まだ安心はできません。

前述のとおり、商標権は登録することではじめて発生する権利です。そのため、先に考案したり、先に使用を開始しただけでは権利を得ることはできず、それどころか自分以外の人が"後出しじゃんけん"でそのサービスの名称を商標登録し、商標権を取得してしまうことを防げないのです。

「他人が商標登録をする前から当社が使用している商標であれば、後から取得された他人の商標権にも対抗できる（先使用権を主張できる）のでは」

と誤解されることもありますが、先に使用していたサービス名が広く知られているものであるという例外的なケースを除いては、商標登録より前に使用していたことだけを理由に、他人が取得した商標権に対抗することはできません。そのため、先にサービス名として使っていた商標であっても、商標権者から使用の差し止めを求められた場合には原則としてサービス名を使用し続けることはできませんし、さらには損害賠償を請求されてしまう可能性もあるのです。

　このような後出しじゃんけんに対抗するためには、基本的には自分が先に商標登録を済ませてしまい、商標権を取得するしかありません。

　なお、商標登録の手続きはだれでも行うことができます。しかし、他人が似たサービス名を使用してきた場合に、しっかり対抗できるような商標登録をすることは、そう簡単なことではありません。そのため調査と同様に、登録についても弁理士に依頼することをおすすめします。

■ 商標権侵害時に取れる対応策は？

　考案したサービス名が他人の商標権を侵害するものであると判明した場合に取りうる対応策は、商標権者がその商標を使用しているかで変わってきます。

まず、商標権者が3年以上商標を使用していない可能性がある場合には、商標登録の取消し（不使用取消）を行うことが考えられます。不使用取消は、請求を受けた商標権者が3年以内に商標権を使用していることを証明できなかった場合に商標登録が取り消される制度であり、請求する負担が小さいため、実務上も行われることは珍しくありません。

　また、商標権者が既にその商標を付したサービスを終了している場合には、商標権の使用許諾や譲渡を受けたり、商標権を行使しないことを約束してもらえる可能性があるので、交渉にチャレンジすることも有力な選択肢になります。

　他方、商標権者が使用中の商標については、不使用取消は当然認められませんし、使用許諾や譲渡に応じてもらうことは期待できません。特にウェブサービスの場合は、自社サービスと似たような名前のサービスが存在しては、SEO（検索エンジン最適化）にも影響しますし、何より似た名称の別サービスが存在しているとユーザーが混乱してしまうからです。そのため、このような場合には、サービス名を変更しなければ商標権侵害を避けられないことがほとんどです。

　一旦展開してしまったサービス名を後から変更するようなことがあると、マーケティング観点でもサービスに対する信用という観点でも悪い影響が生じてしまいます。2014年2月、マイクロソフト社は「SkyDrive」の名称で提供していたクラウドストレージサービスを、現行の「OneDrive」に変更しましたが、これはBSkyB社との商標権侵害に関する争いに起因するものでした。[2]商標権に関するトラブルが発生した時点で、SkyDriveは既に広く展開されていたサービスであったため、2013年7月の和解成立から、実に7ヶ月もの期間がサービス名変更に必要となりました。このような事態に陥ることのないよう、リリース前に商標調査と商標権登録を確実に行う必要があるのです。

2　ITmedia「Microsoft、『SkyDrive』を『OneDrive』に改称へ」
　https://www.itmedia.co.jp/news/articles/1401/28/news046.html

Point

- 商標権は、特許庁に登録することではじめて発生する
- 商標権を侵害するサービス名を使用することは、使用の差し止めや、損害賠償を請求される原因になる
- 商標権の侵害を防ぐためには、リリース前に登録済みの商標の調査をするとともに、他社よりも先に商標権を取得する必要がある

04

ポイント制度の導入と
資金決済法の規制

■ ポイント制度の仕組みと規制

　ウェブサービスでは、サービスの一環として、以下のような「ポイント」制度を設けることがよくあります。

(i) ユーザーの利用状況に応じてポイントを付与し、そのたまったポイントに応じて、景品などがもらえたり値引きが受けられるようにする
(ii) あらかじめ一定額のポイントを「1ポイント＝1円」などで購入してもらい、このポイントを利用してサービス内のデジタルアイテムなどを購入してもらう

　このポイント制度は、ユーザーにサービスを継続して利用してもらうにはとても便利な仕組みです。しかし、資金決済法の規則対象となる場合があるため、どのような場合に規制対象となるかを理解したうえで、ポイント制度を設計していく必要があります。

■ 資金決済法の適用を受けない無償ポイントとは

　上記(i)のように、ウェブサービスへのログインなどの利用状況に応じてポイントを付与する場合や、家電量販店などで商品購入の「おまけ」として無償で付与されるポイントについては、対価を得ずに無償でポイ

ントを付与する場合として、資金決済法の適用を受けません。

　もっとも、以下で説明する資金決済法の適用を受けるポイントと区別
されずに管理、利用される場合には、無償で付与されたポイント分も資
金決済法の適用対象となってしまうため、注意が必要です。

■ 資金決済法上の前払式支払手段にあたる 有償ポイントを発行する場合

　上記(ii)のように、ユーザーにポイントを有償で購入させ、それをウェ
ブサービスに利用してもらうような場合は、その有償ポイントは資金決
済法上の「前払式支払手段」に該当し、同法による規制の対象となります。
2010年4月の改正前は、商品券やPASMOのような紙型やICカード型
など、証票が発行されるもののみが規制対象となっていました。しかし、
2010年4月の改正後においては、コンピューター・サーバーなどにそ
の価値が記録される「サーバー型前払式支払手段」も規制の対象となりま
した。これにより、オンラインゲームにおいて有償で発行するポイント
なども、上記の要件を満たす限り、前払式支払手段に該当することになっ
たのです。

■ 「有効期限は180日以内」と定めている場合がある 理由

　ただし、前払式支払手段に該当する場合であっても、以下の場合は規
制が適用されません。

(a)前払式支払手段が乗車券、入場券である場合
(b)前払式支払手段の発行者が国または地方公共団体である場合
(c)発行の日から6ヶ月内に限り使用できる前払式支払手段

　この「6ヶ月内」とあるのは、「6ヶ月未満」と解されているため、規約
上は「180日以内」という表現をしておくほうが安全です。オンライン

ゲームのポイントなどにおいて、「有効期限は発行から180日以内とします」と定めている場合があるのは、このためです。

したがって、サービス運営者として「前払式支払手段」に該当するようなポイントを発行したい場合には、まずは資金決済法の適用を受けないために有効期限を180日以内としてもビジネス的に支障がないかを検討し、支障がない場合には有効期限を設定するといいでしょう。

■ 「自家型」と「第三者型」に分けて規制が定められる

とはいえ、ユーザーのニーズや、ライバルとの関係もあり、ポイントの有効期限を180日超としたい場合もあります。

また、スマートフォン向けアプリの場合、プラットフォーム運営会社のルールにより、アプリ内において販売するポイントに有効期限をつけられない場合もあります。

その場合、どのような規制を受けるのでしょうか。

資金決済法は、前払式支払手段を「自家型」と「第三者型」に分類し、それぞれの性質に応じて規制を定めています。

自家型前払式支払手段

発行者（発行者と密接な関係者を含む）に対してのみ使用できる前払手段を、自家型前払式支払手段といいます。

たとえば、オンラインゲーム会社が自社の運営するゲーム内でのみ利用できるポイントを販売する場合は、これにあたります。

自家型前払式支払手段を発行する事業者は、発行開始から基準日で未使用残高が1000万円を超えることとなった場合に、金融庁長官に対して届出をしなければなりません。期限は「最初に基準額を超えた基準日の翌日から、2ヶ月を経過する日まで」です。逆に言えば、自家型前払式支払手段は届出を出さずに発行することが可能ということです。

なお、ここでいう基準額は「すべての自家型前払式支払手段の、基準

日未使用残高を合計した額」について判断される点に注意してください。複数のサービスを提供しており、サービスごとに異なる自家型前払式支払手段を発行している場合にも、それぞれについて基準額を超えたかどうかを判断するわけではなく、すべての合計額を確認する必要があるのです。

第三者型前払式支払手段

　PASMO や Suica などの、他社のサービスや商品についても利用できるポイントを、第三者型前払式支払手段といいます。

　第三者型前払式支払手段の発行業務は、金融庁長官の登録を受けた法人でなくては行えません。登録を受けるためには、府令で定める登録申請書を金融庁長官に提出する必要があります（登録が拒否されることもあります）。

　両者の規制の細かい違いはここでは触れませんが、両者の違いを簡単にまとめると、自家型前払式支払手段は「届出」で足りるのに対し、第三者型前払式支払手段は「登録」が必要となり、よりハードルが高くなります。

■ 資金決済法適用対象事業者となった場合に負わなければならない4つの義務

　以上見てきたように、

- **ポイントの発行方法（無償か有償か）**
- **有効期限の有無**
- **自家型か第三者型か**

といった違いによって、発行したポイントが資金決済法上の前払式支払手段として規制対象となるかの判定が変わることがわかりました。これをフローチャート形式にまとめると、以下のとおりです。

■ 図2-2 | ポイントに関する前払式支払手段該当判定フローチャート

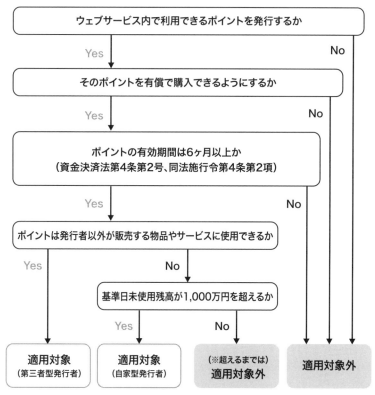

※将来、「基準日未使用残高」(資金決済法第3条第2項)が1,000万円を超えた場合、
ウェブサービス事業者は「自家型発行者」として適用対象となる

　発行したポイントが前払式支払手段に該当し、資金決済法の適用対象
となった事業者は、以下の4つの義務を負うことになります。

① 表示義務

　発行する前払式支払手段に、発行者の名称など、一定の事項を表示ま
たは提供しなければなりません。

サーバー型前払式支払手段で、利用者に紙やICなどの有体物が交付されない場合は、以下のいずれかの方法で情報を提供する必要があります。

・電子メールなどで送信する
・インターネットを利用して利用者が閲覧できるようにする
・チャージ機などで表示する

② 供託義務

　基準日（3月31日および9月30日）において、前払式支払手段の未使用残高が1000万円を超えるとき、「発行保証金」を営業所・事務所の最寄りの供託所に供託しなければなりません。
　金額は「基準日の未使用残高の2分の1以上」、期限は「基準日の翌日から2ヶ月以内」となります。
　なお、この供託義務は、以下のいずれかの方法で「供託」に代えることができます。

・銀行などと「発行保証金保全契約」を締結する
・信託会社などと「発行保証金信託契約」を締結する

③ 払い戻しに関する義務

　前払式支払手段の規制の適用対象となったポイントについては、原則として払い戻しが禁止されています。払い戻しが義務付けられたり、許容されるのは、前払式支払手段の発行の業務の全部または一部を廃止した場合など法令で定められた場合に限定されています。

④ その他の義務

　行政の監督を受ける立場となり、基準日ごとに、金融庁長官に報告書を提出しなければなりません。

■ 資金決済法上の資金移動業に該当する場合

　ポイントを日常的に払い戻しができるように設計しようとする場合は、前払式支払手段では払い戻しが原則として禁止されていることとの関係で、前払式支払手段として整理することはできません。この場合は、資金決済法上の「資金移動業」としての規制を受けることになります。

　資金移動業は、送金上限額がない第一種資金移動業、100万円以下の送金の取り扱いが可能である第二種資金移動業、5万円以下の送金の取り扱いを行う第三種資金移動業に区別されますが、第一種資金移動業は送金資金の滞留が禁止されているため、ポイントを用いて行う資金移動については、第二種の資金移動業の登録を行うことが現実には多いでしょう。

■ 暗号資産との関係

　ポイントを「1ポイント＝1円」で使用や換金を行うものとして発行するのではなく、ポイントそのものの単位をもって、自社のウェブサービスのみならず、不特定の第三者との関係でも利用できるようにする場合、そのポイントは暗号資産に該当する可能性があります。暗号資産として代表的なのは、ビットコインやイーサリアムなどですが、ポイントも暗号資産であると評価されてしまうことがあるのです。

　この場合は、当該ポイントを有償で発行したり、その買取を行ったりするのであれば、資金決済法上、暗号資産交換業としての規制を受けることになるため、資金移動業よりもさらに厳しい規制の対象となります

ので、注意が必要です。

Point

- ●ポイントを発行すると、発行条件によっては資金決済法の規制を受ける
- ●表示・供託等の負担を考えて、ポイントの発行を検討する
- ●払い戻しを日常的に認めたり、ポイント自体を取引単位として不特定の第三者との関係でも利用できるようにすると、さらに規制の厳しい資金移動業や暗号資産交換業の対象となりうるので注意

05

サブスク・SaaSモデルの普及がウェブサービスの利用規約に与える影響

■ 「モノを買って・借りて使う」スタイルから「サービスを必要な期間だけ利用する」スタイルへの変化

　インターネットがまだ普及していなかった時代、コンピュータを活用するには、店舗にパッケージソフトを買いに行き、フロッピーディスクやCD-ROMに入っているソフトウェア（プログラム）をインストールして起動する必要がありました。音楽CDや映画DVDなどの物理メディアに録音・録画されたリッチコンテンツの場合、レンタル店にメディアを借りに行き、視聴し終わったらお店に返却しに行くのが当たり前だったのは、まだ記憶に新しいところです。

　その後高速ネット環境が整備され、ソフトウェアはクラウド上で利用でき、コンテンツもダウンロードや配信で視聴できるようになりました。すると、CD-ROMやDVDといったモノとしての売買・貸借ではなく、ユーザーがその時に必要なソフト・コンテンツを必要な期間だけ利用できるサービスの提供・受領へと変化します。加えて、これまではモノの量などに応じて買う時・借りる時にまとめて支払っていたお金も、サービス利用期間に応じて固定額が口座から定期的に引き落とされるスタイルに変わりました。いわゆるサブスク（サブスクリプションサービス）・SaaS（Software as a Service）時代の到来です。

　このように、「物を買って・借りて使う」スタイルから「サービスを必要な期間だけ利用する」スタイルへの変化によって、事業者とユーザー

の関係も「短期的・一時的」なものから「長期的・継続的」なものへと移行しています。そしてこの変化は、両者間で交わされる契約の内容、すなわち利用規約の作り方にも影響を与え始めています。

■ 長期的・継続的関係への移行により発生する新たな問題

　サブスク・SaaS スタイルへの変化に伴い、ユーザーとの関係が長期的・継続的関係へと移行したウェブサービスで高頻度で発生するようになった新たな問題のうち、主なものは以下①〜③の 3 つにまとめることができます。これらについて、特に利用規約の作り方との関係で知っておくべきポイントをおさえておきましょう。

① 利用料について誤解・誤認が発生する

　特に月額固定のサブスク・SaaS で発生しがちなのが、利用料に関する以下のような誤解・誤認トラブルです。

・「初月は無料でトライアル可」とのことだったが、勝手に有料サービスに移行されてしまった
・申込画面に表示されていた月額料金が安かったので利用開始したが、利用期間で通算すると高額だった

　特に個人向けのサブスクサービスが浸透・拡大するにつれ、消費者からの利用料に関するクレームが増えており、2021 年度以降、全国の消費生活センターには毎月 500 件程度の相談が寄せられているようです。[1]このような社会情勢を受けて特定商取引法が改正され、サブスクは「定期購入」取引として規制対象となり、申込画面・最終確認画面の表示内容について厳しい規制が課されることとなりました。

---

1 国民生活センター「「解約したはず！」「契約してない！」と思い込んでいませんか？　予期せぬ"サブスク"の請求トラブルに注意！」2021 年 10 月 7 日公表
　https://www.kokusen.go.jp/news/data/n-20211007_1.html

このような問題意識と法改正を反映して、特に個人向けサブスクリプションサービスにおいては、申込画面・最終確認画面において、利用料に関する説明を詳しく行う傾向にあります。その参考例として、経済ニュースプラットフォームサービス NewsPicks の画面例を紹介します。

■ 図2-3 │ NewsPicksの申込画面(2024年1月時点)[2]

■ 図2-4 | NewsPicksの最終確認画面

NewsPicks は月額 1,850 円（2024 年 1 月時点）から申込めるサービス
ですが、1 年単位・3 年単位の長期契約で利用料を前払いすることにより、
割引を受けることができます。この場合、申込画面と最終確認画面の両
方で、月割りした利用料と並列して一括払いの金額を表示し、無料体験
終了後に支払いが自動的に発生する（無料体験中はペナルティなしでい
つでも解約できる）ことなどを、ユーザーに誤解・誤認を与えないよう
に配慮しながら記載しています。

　なお、特定商取引法が定める申込画面の表示規制の具体的な内容につ
いては、1 章 03 を確認してください。

このような傾向を踏まえ、ウェブサービス事業者がユーザーに確認を求める利用規約や料金の確認画面においては、

利用期間中、総額いくらを・いつ・どのようにお支払いいただくのかを、はっきりとわかりやすく説明しておく

ことをおすすめします。

②契約条件（利用料等）を途中で変更せざるを得なくなる

　長期的な契約関係が1年、2年、3年……と続けば、その間に事業者が提供するサービスの利用条件や内容が変わることもあります。利用開始時には無かった追加機能や、その反対にユーザーの大多数が利用していないなどの理由により途中で廃止する機能などもあるかもしれません。

　また、景気や為替などの経済状況の変化や、異常気象や戦争などコントロールできない事由により、サービス継続の前提となる人件費・外注費・電気料金・オフィス賃料等の支払い負担は増えていきます。加えて、競合サービスとの競争環境にも晒される事業者としては、利用料を値上げしなければ、サービスの継続が難しくなるタイミングもやってくるでしょう。

　このような場合、利用規約が民法上の定型約款として認められ、一定の条件を満たす（その変更が相手方の一般の利益に適合する・契約をした目的に反せず、かつ、変更が合理的なものである）場合には、個別にユーザーと合意することなく、契約の内容を変更することができます（民法第548条の4第1項）。

　しかしその契約内容の変更についてユーザーとの紛争が発生した場合、実際にどのようなケースが目的に適合し合理的なのかの水準は、裁判所によるケースバイケースの判断となります。少なくとも、事業者の利益のためだけに値上げをしたり、なんの事情もなく重要な機能を廃止した

りすれば、不満に思うユーザーから解約や損害賠償（返金）等の請求を受けるのは、火を見るより明らかです。民法に基づいて定型約款の変更が認められるケースに該当するとしても、期間途中で一方的にユーザーに不利な利用規約の変更をすることはおすすめできません。契約内容の変更がなぜそのタイミングで必要となったのかをユーザーに説明し、十分な予告期間を経て行うべきでしょう。

　参考として、多数のユーザーを抱える SaaS 事業者が、自動更新のタイミングを利用して契約条件の変更を行った事例を紹介します。法人向け SaaS として著名なセールスフォースが、サービスの機能向上等を理由として、利用料を平均 9％値上げした事例です。[3]

■ 図2-5 │ 株式会社セールスフォース・ジャパン「価格改訂のお知らせ」（2023年7月11日）

3　https://www.salesforce.com/jp/company/news-press/press-releases/2023/07/230711/

同社が利用規約として定める「メインサービス契約[4]」では、契約が1年ごとに自動更新されるタイミングで、「該当する更新時期において有効なSFDCの該当する定価」、つまり、値上げ後の新料金に変更されるメカニズムが採用されています。

> **11.2 有料のサブスクリプションの契約期間。**　各サブスクリプションの契約期間は、該当する本注文書に定められるものとします。本注文書に別段の定めがない限り、サブスクリプションは、当初の契約期間の満了後、1年間自動的に更新するものとし、以後も同様とします。ただし、いずれかの当事者が相手方に対して、該当する契約期間が終了する30日以上前に、書面で別段の通知（電子メールでも可）をした場合には、この限りではありません。該当する本注文書に明示的に定める場合を除き、プロモーション価格又は期間限定価格のサブスクプション（原文ママ）の更新は、該当する更新時期において有効なSFDCの該当する定価によるものとします。（以下略）

　このような利用規約の定めや通知があったからといって、ユーザーが更新後の条件変更をすんなりと受け入れてくれる保証はありません。あくまで、サービス内容の変更や利用料の値上げがユーザーにとって不意打ちとならず、合理的で納得できる理由があり、その程度も許容範囲内であることが大前提となります。セールスフォース・ジャパン社が通知文のなかで「数千の新機能を提供」「研究開発に200億ドル以上を投資」と説明したのは、その合理性をアピールする狙いがあったことが伺われます。

　とはいえ、契約期間の途中で条件変更を行う場合と比べれば、ユーザーが「更新か解約か」を任意に選択できるタイミングで、事業者側から条件変更を可能とするメカニズムを入れておくことは非常に有用です。この点については、改正民法の立案担当者による解説書においても、「変更の開始時期までに一定の猶予期間が設けられ、かつ、顧客にはその猶予

4　https://www.salesforce.com/content/dam/web/en_us/www/documents/legal/salesforce_MSA-jp.pdf

期間内に特段の不利益なく取引を解消する権利が認められることで、『合理的なもの』と認められることがあるものと考えられます」と述べられています。[5] 長期的・継続的なサービス提供義務を負うサブスク・SaaS 事業者は、その利用規約において

契約期間の更新のタイミングで、それまで適用された契約条件を変更することがある旨を定めておく

ことをおすすめします。

③契約関係の終了時にもめる（ユーザーによる退会・事業者によるサービスの終了）

　人間関係と同じく、ユーザーと事業者との関係も、付き合いが長くなればなるほど別れ際はこじれやすくなるものです。特に長期的・継続的契約が前提となるサブスク・SaaS においては、

・サービスが不要となったユーザーからの退会手続き
・事業者の判断によるサービス終了・ユーザーに対する強制退会処分

の際に、特にトラブルが多発しています。

　前者についてよくあるのは、退会手続きの方法が不透明・不明確で、ユーザーが任意のタイミングで退会できないというトラブルです。サブスクの利用動向に関する政府の調査では、契約時に解約条件を確認するユーザーは 26.5％に過ぎないことがわかっています。[6] 事業者も、ユーザーになるべく解約されたくないという思いから、解約方法を積極的に案内しない傾向にあります。

　このような傾向を踏まえて消費者契約法が改正され、消費者の求めに

---

5 村松秀樹＝松尾博憲『定型約款の実務 Q&A 補訂版』（商事法務、2023）P136-137
6 三菱 UFJ リサーチ・コンサルティング「サブスクリプション・サービスの動向整理」（2019 年 12月9日）
　 https://www.caa.go.jp/policies/policy/consumer_policy/caution/internet/pdf/caution_internet_200319_0001.pdf

応じて、契約に定められた解除権の行使に関して必要な情報を提供するよう、事業者に対し努力義務が課されました（消費者契約法第3条1項4号）。また、消費者契約の場合、法人を相手方とする契約とは異なり、事業者に債務不履行がある場合については消費者からの解除権を制限できないことにも、注意が必要です（同法第8条の2）。

　こうした法令上の努力義務への対応と、解約時のユーザートラブル回避策として、利用規約に解約方法を明記するのも一考に値します。例えば、THE WALL STREET JOURNAL 日本版の購読契約及び利用規約には以下の条項があり、解約手続きは電話でのみ可能であると記載されています。[7]

> 4.3 その他の購読に関するキャンセル・ポリシー
> 弊社は、会員へ通知することにより、いつでも購読契約を解除することができます。会員は更新前に、カスタマーサービス（0120-779-868）にご連絡ください。お電話以外での購読キャンセルは受け付けておりませんのでご了承ください。

　一方、後者の事業者によるサービス終了・退会処分は、まだ利用し続けたいであろうユーザーを排除することになるため、トラブルの度合いも深刻になります。

　法律論だけでいえば、原則として事業者があるユーザーを相手に取引をする・しないを選択することは、民法上の「契約自由の原則」により認められています（民法第521条）。また、相手方が契約に違反すれば、一定の手順を踏んだ上で解約することも可能です（民法第541条）。とはいえ、いったん利用規約に基づいて長期的・継続的契約関係を期待したユーザーを事業者都合で排除するのは、契約を解除するに足るだけの理由として、ユーザーが利用規約のどの条項に違反したのか等について説明が必要となります。

7　THE WALL STREET JOURNAL「購読契約及び利用規約」（2018年6月27日更新版）
　https://jp.wsj.com/policy/subscriber-agreement
　なお、電話という手法が必ずしも不便とは断言できませんが、申込みと同様、解約手続きもウェブで完結する方がユーザーフレンドリーであり、申込時の不安も減るものと思われます。

また、仮にユーザーのルール違反に該当する条項が利用規約の中に書いてあったとしても、民法上の定型約款規制により、信義則（信義誠実の原則）に反して相手方の利益を一方的に害する条項は、契約内容に組み入れられていなかったものとして除外される可能性があります（民法第548条の2第2項）。さらに、消費者契約法が定める不当条項規制に該当するような一方的な解約条件を定めていた場合は、その条項自体が無効とされる可能性もあります（消費者契約法第10条）。

　具体的にどのような解約条件が消費者契約法上で無効となるかについて、消費者庁の解説では、

> 民法第541条により、相当の期間を定めた履行の催告をした上で解除をすることとされている場面について、特に正当な理由もなく、消費者の債務不履行の場合に事業者が相当の期間を定めた催告なしに解除することができるとする契約条項については、無効とすべきものと考えられる

との考え方が示されています[8]。

　以上を踏まえると、サブスク・SaaS事業者が利用規約を作成するにあたっては、

相手方に契約関係の終了を申し入れる場合の手段、該当事由や基準、事前予告期間を合理的な範囲で定め、ユーザー・事業者双方の立場からできるだけわかりやすく記載する

ことが求められます。

---

8 消費者庁「消費者契約法 逐条解説（令和5年9月）」
　https://www.caa.go.jp/policies/policy/consumer_system/consumer_contract_act/annotations/

■ 無料サービスと有料サービスの責任の重さの違いを 自覚することが必要

　ここまで、サブスク・SaaS の特徴が、長期的・継続的な関係によって生まれていると説明をしてきました。しかし、サブスク・SaaS という言葉が使われ出す以前にも、不特定多数のユーザーに対し、長期的・継続的に便益を提供しているウェブサービスが無かったわけではありません。

　では、そのようなサービスから何が変わったのでしょうか？　それは、これまでは広告モデルを前提とした基本無料のウェブサービスがほとんどだったのに対し、現在ではサブスク・SaaS の名の下に、多くのウェブサービスが有料化しはじめているという点です。

　従来型の無料サービスであれば、事業者の都合で突然終了させたとしても、

「良いウェブサービスだったけど、ついに終了か。残念だな」

と惜しむ声はあれど、事業者に対して赤字でのサービス継続や損害賠償請求等を求めるユーザーはごく少数でした。

　ところが、いまやサブスク・SaaS モデルが浸透し、ユーザーがウェブサービスという形のない便益に対して利用料を支払うことが普通のことになりました。有料サービスとなれば、ユーザーが事業者に対し長期的・継続的にサービスを提供する責任を厳しく問うようになっていくのも当然のことです。

　サブスク・SaaS モデルを採用する事業者は、ユーザーから長期的・継続的に利用料を支払っていただく分、相応の責任も負うことになります。その認識の上に立ち、これまでの無料ベースのウェブサービス時代のスタンスを改め、

ユーザーからどの程度の利用料をいただきたいのか、その利用料に対し、事業者としてサービス提供責任をどの程度まで負担するのか（または負担しないよう免責したいのか）

について、利用規約や特商法表示の中で誤解・誤認が発生しないよう詳しく説明する必要性が、今後ますます高まっていくことは間違いありません。

Point

- サブスク・SaaSは長期的・継続的な契約となるため、短期的・一時的なサービスとはトラブルの重さや質が異なってくる
- ユーザーに長期的・継続的に利用料を支払っていただく以上、無料サービスと違い、事業者として相応の責任を負うことが前提になる
- ①利用料に関する誤解・誤認、②契約条件（利用料等）の途中変更、③契約関係の終了の3つのトラブル発生ポイントを意識して、ユーザーに対し、事業者としての考え方や責任の範囲について、利用規約や特商法表示で表明しておく

06

AIを活用するときの
著作権のポイント

■ 生成AIの活用と著作権の関係

2022 年に、文章による指示に基づいて高品質な画像を生成する Stable Diffusion や、AI と自然に会話ができる ChatGPT などの生成AI（画像やテキストなどのコンテンツを生成できる AI）が立て続けにリリースされ、AI を利用することで人が創作したかのようなコンテンツを短時間かつ手軽に生成できるようになりました。

生成 AI は、その作成時に大量の学習用データを用いて学習する必要があり、また、人間が作成した場合には著作権が発生するような成果物を生成できるという特徴があります。この生成 AI の特徴から、生成 AI を作成し、また事業で活用する際には著作権が密接に関わってきます。そこで、画像や文章を生成する AI サービスを例に、具体的に生成 AI と著作権との関係を考えてみましょう。

■ 生成AIに学習させるときに使える著作権の例外

生成 AI は、その作成段階で大量の学習用データを用いて学習させる必要があります。そして、学習用データを AI の学習に用いるためには、AI をトレーニングするサーバ上にそのデータを複製する行為が発生することは避けられません。しかし、複製は、原則として著作権者の許諾がなければ行うことができないため、学習用データに著作権が発生してい

る場合には、著作権者から許諾を受けない限り、著作権侵害になってしまいます。

　このような著作物を学習用データとして利用する行為を例外的に認める規定として、著作権法第 30 条の 4 があります。この規定は、情報解析などの「著作物に表現された思想又は感情の享受を目的としない利用」については、著作権者の利益を不当に害しない限りにおいて、著作物を著作権者の許諾なく利用することができるとしています。要は、絵を観たり音楽を聞いたりといった行為を通じて著作物を楽しむことを目的としない場合は、著作物を複製等したとしても原則として著作権侵害にならないということです。そして、そのような行為の例として「多数の著作物等から情報を抽出し、解析を行うこと」という生成 AI の作成プロセスに類する行為が挙げられているのです（著作権法第 30 条の 4 第 2 号）。なお、この条文による著作権の例外には、研究用や私的の使用のため等の目的による制限がないため、商用目的であっても問題はありません。

　具体的に、インターネット上に公開されているイラストを学習用データとして利用して学習させる画像生成 AI について考えてみましょう。この画像生成 AI が学習に用いているのは、インターネット上に公開されているイラストなので、著作権者から利用許諾を受けているわけではありませんし、事後的に許諾を受けることも事実上不可能です。そのため、このようなイラストの収集は、原則としては著作権侵害になってしまいます。

　しかし、画像生成 AI を作成するために、学習用のイラストのデータを解析し、得られた情報をパラメーターとして保持しておいて、画像を生成する際に、（学習に用いた画像そのものではなく）そのパラメーターを参照するのであれば、その利用方法は「著作物に表現された思想又は感情の享受を目的としない利用」の典型といえます。そのため、このような画像生成 AI を作成することは、著作権法第 30 条の 4 により、著作権者の利益を不当に侵害しない限り、原則として著作権侵害には該当しないということになります。しかし、画像生成 AI であっても、生成す

るイラストに、学習用データに含まれるイラストの一部を切り貼りして出力することがあるようなものについては(そのようなものを AI と呼ぶかどうかは別として)、著作物に表現された思想又は感情の享受を目的としているものとして、著作権法第 30 条の 4 による著作権の例外の対象には該当せず、著作権侵害になってしまうのです。

他方で、コンテンツの投稿サイトの運営者が、利用者から投稿されたコンテンツを学習用データとして生成 AI を作成するケースでは、前述の著作権法上の例外規定を根拠とするのではなく、利用規約を通じて投稿者から許諾を得ておき、それを根拠に著作権侵害になることを回避することも可能です。具体的には、以下のような規定を設けることが考えられます。

【パターンA】

第〇条(コンテンツの利用許諾)
本サービスに画像、文章、音楽その他のコンテンツを投稿する登録ユーザーは、当社に対し、当該コンテンツを以下の目的で利用することを許諾します。
(1)本サービスの新機能の開発及び改善のため
(2)……

【パターンB】

第〇条(コンテンツの利用許諾)
本サービスに画像、文章、音楽その他のコンテンツを投稿する登録ユーザーは、当社に対し、当該コンテンツを以下の目的で利用することを許諾します。
(1)機械学習等による人工知能の作成及び性能の改善のため
(2)……

パターン A は、本サービスに対象を限定し、また機械学習への利用を明示していないことから、ユーザーからは比較的受け入れられやすい条件設定です。ChatGPT の 2024 年 1 月 3 日版の利用規約ではパターン A の記載方法が採用されています[1]。

　パターン B は、コンテンツを機械学習に利用することを明示しており、機械学習の対象となる AI に限定がないことから、様々な AI の開発に利用することも可能です。しかし、サービスの性質やユーザーの期待次第ではユーザーから強く反発されるおそれがあるという点には注意が必要です。実際に、Zoom の利用規約では、2023 年 3 月 31 日版の利用規約ではパターン B を採用していたために、ユーザーからの強い反発を受け、機械学習にデータを用いる旨の記載を削除することとなりました。

　学習用データの投稿者から同意を得るという権利処理の方法は、著作権法の精緻な解釈を必要とせず、また、日本の著作権法が適用されない国外においても使えることから、利用規約に同意をしている利用者から提供されたデータのみを生成 AI の学習に用いる場合には、有力な選択肢になります。

■ 生成AIを使って生成したコンテンツが既存の著作物とそっくりだったら?

　著作権の例外や利用許諾を通じて生成 AI を適法に作成した場合も、その生成 AI を利用して生成したコンテンツが既存の著作物とそっくりだった場合には、そのようなコンテンツの生成が著作権侵害になってしまう可能性があります。そのため、生成 AI の作成とは別に、生成 AI によって生み出されたコンテンツが著作権を侵害してしまうことがないかについても、別途検討が必要となります。

　まず押さえなければならないのは、生成 AI を利用してコンテンツを制作した場合でも、人が手作りでコンテンツを創作した場合と著作権侵

---

1 Content の「We may use Content to provide, maintain, develop, and improve our Services, comply with applicable law, enforce our terms and policies, and keep our Services safe.」の部分
https://openai.com/policies/terms-of-use

害の要件は変わらない、ということです。具体的には、裁判例では、著作権侵害の要件として、

・**類似性があること**
・**依拠性があること（偶然似ていただけではないか）**

の両方を満たす必要があるとされています。そのため、生成AIを利用して既存の著作物とそっくりのコンテンツを生成する行為が著作権侵害になるのかも、類似性と依拠性の有無から判断することになります。

　まず、類似性については、日本語としての「類似」よりも範囲が狭いということに注意が必要です。具体的には、単に既存の著作物と共通する部分があれば類似性が認められるというものではなく、「既存の著作物との共通部分は具体的な表現か」、「既存の著作物との共通部分に創作性があるか」といった点を検討して判断されます。

　例えば、画像生成AIを利用してイラストを生成した結果、特定の作者と画風がそっくりのイラストを生成できてしまった場合でも、画風は具体的な表現ではないので、それを持って類似性ありとは認められません。また、ストーリー展開も具体的な表現ではないので、小説を生成するAIが、既存の小説とそっくりなストーリー展開のお話を生成した場合でも、具体的な文章表現が共通していない限り、類似性ありとは認められません。

　このような結論は、特にクリエイターからは心情的に受け入れがたい面もあることから、コンテンツ投稿サイトの中には、AIを用いて生成した模倣作品の投稿を制限するといった方法でクリエイターを保護しようとする動きもあります。pixivのサービス共通利用規約（2023年5月31日版）が、第14条第5項に「情報解析した結果を用いて、反復継続して特定の第三者の作品、肖像または音声等に類似した投稿情報を投稿等する行為」を禁止事項として定めているのはこの一例です。

---

2 「AIと著作権」（令和5年6月文化庁著作権課）P43
　https://www.bunka.go.jp/seisaku/chosakuken/pdf/93903601_01.pdf

次に、依拠性については、2023年時点においては、どのようなケースで生成AIを利用したコンテンツの生成行為に依拠性を認めるべきかについての考え方は定まっていない状況です。もっとも、生成AIの利用者が既存の著作物を認識しており、生成AIを利用してこれに類似したものを生成させた(鳥山明氏の漫画を学習データとする生成AIに、ドラゴンボール風のキャラクターを描かせる)場合に、依拠性が認められることは間違いありません。一方、そのような認識がない場合に依拠性が認められるのかは難問です。

　考え方としては、生成されたコンテンツと同一・類似のコンテンツが学習用データに含まれていれば広く依拠性を認めて良いのではないかという見解もありますが、それでは依拠性(著作権侵害)が認められる範囲が広すぎ、生成AIの利用に大幅な萎縮が生じるとして反対する見解もあります。このように、生成AIが生成したコンテンツがどのような場合に著作権侵害に該当することになるのかは明確とは言えず、事前の対処には限界がある状況であるため、生成AIをサービスの一部として提供する事業者としては、以下のような禁止事項や不保証条項を設けておくことで対応することが考えられます。

第○条(禁止事項)
登録ユーザーは、本サービスの利用にあたり、以下の各号のいずれかに該当する行為または該当すると当社が判断する行為をしてはなりません。
(1)当社、本サービスの他の利用者またはその他の第三者の知的財産権、肖像権、プライバシーの権利、名誉、その他の権利または利益を侵害する行為
(2)・・・

第○条(不保証)

当社は、本サービスを用いて生成されたコンテンツが第三者の知的財産権、肖像権、プライバシーの権利、名誉、その他の権利または利益を侵害していないことを保証しません。

また、生成 AI については、その影響力の強さから、学習に用いたデータの明示や、AI を用いて生成されたコンテンツであることの明示などの著作権の枠組みに留まらない新たなルールの検討が国内外で進められています。このような生成 AI に関わるルールは、今後急速に整備が進むことが見込まれますので、生成 AI を事業に用いることを検討している事業者は、現行法の正確な理解に努めるとともに、生成 AI を巡る規制の動向に目を光らせておく必要が高いでしょう。

Point

- 現行の日本の著作権法のもとでは、学習用データの一部を生成データに含めるような場合でなければ、著作権者の許諾を得ずに第三者の著作物を機械学習に利用できる可能性が高い
- 自社サービスに投稿されたコンテンツをAIの学習に用いる場合は、利用規約でユーザーから許諾を受けておくのがおすすめ
- AIが生成した著作物が、どのような場合に著作権侵害になるのかは不透明なので、利用規約で禁止事項や不保証を定めて防御しておくのがおすすめ

生成 AI が創作した著作物は誰のもの?

　著作権は、著作物の創作が行われた際に、著作者に帰属します。では、生成 AI が創作したイラストや音楽、文章などのコンテンツは、誰に帰属するのでしょうか。

　現行の著作権法は、AI による創作を想定していないため、著作権法に当てはめれば権利の帰属先が決まる、というものではありません。そのため、生成 AI が創作したコンテンツの著作権の帰属をどのように考えるべきかは、現時点でも議論が分かれている状況です。

　例えば、

(1)AI の開発者に帰属させる
(2)AI の利用者に帰属させる

といった現行の著作権と親和性のある考え方もあれば、

(3)AI が生成した著作物には著作権は発生しない

という考え方も成り立ちうるのです。実際に、米国著作権局は、生成 AI にプロンプトを入力して生成されたコンテンツは著作権法による保護を受けない旨を、著作権登録ガイダンスの中で明示しています。さらに、

(4)AI 自身に著作権を帰属させてしまえばよいのではないか

という考え方もあります。現時点では、AI 自身に著作権を帰属させるというアイデアは突拍子もないもののように感じられるかもしれませんが、ドラえもんのように自律的な活動をする AI が生まれた場合には、むしろこの処理がもっともしっくりくるようになるかも

---

3 Copyright Registration Guidance: Works Containing Material Generated by Artificial Intelligence
https://www.federalregister.gov/documents/2023/03/16/2023-05321/copyright-registration-guidance-works-generated-by-artificial-intelligence

しれません。

　いずれにせよ、現行法のもとでサービス提供をする事業者にとって大切なことは、生成AIが創作したコンテンツの著作権の帰属は、法律や裁判例に照らして一義的に定まる状態ではないことを知っておく、ということでしょう。このような状況下では、以下のような生成コンテンツがウェブサービス事業者側に帰属する旨の規定を利用規約に設けておき、生成AIが創作したコンテンツの著作権が原則として自社に帰属する（留保する）ことにし、必要に応じユーザーにライセンスする形態としておくのも一考に値します。

　第○条（AI生成コンテンツの著作権等）

1. 本サービスを通じて生成されたイラスト、音楽、文章その他のコンテンツに関する著作権その他の権利は、当社または当社の指定する第三者に帰属します。
2. 当社は、登録ユーザーに対し、前項の権利の利用を無償かつ非独占的に許諾します。

　なお、上記のような規定を設ける際には、事業に用いる生成AIのベースになっているAIシステムの利用条件と矛盾しない内容にする必要があります。例えば、ベースのAIシステムが生成コンテンツについて著作権を放棄することを求めているにもかかわらず、利用規約で著作権を自社に留保するような規定を設けてしまうと、ベースのAIシステムの利用条件に違反してしまうことになります。逆に、ベースのAIシステムが生成コンテンツの著作権を留保しているにもかかわらず、著作権をユーザーに利用許諾するような規定を利用規約に設けてしまうと、他人の著作物を無断で利用許諾する約束をしていることになってしまうのです。

07

契約を成立させるための「同意」の取り方

■ 利用規約を法的に有効な契約内容とするための条件

　ウェブサービスのように、多数の利用者に画一的なサービスを提供する場合、事業者はユーザーと個別に契約書を締結せず、ウェブサイトに表示した利用規約の記載内容を契約条件として適用しようとするのが一般的な実務慣行です。しかし、こうした利用規約の記載が、法律上有効な契約条件として組み入れられるかについては、不明確な面がありました。

　この問題を解決するため、2020年の民法改正で「定型約款」に関する規定が追加されました。この規定では、利用規約が定型約款として有効に組み入れられる、すなわち契約に合意したと評価されるための条件を、以下のように定めています（民法第548条の2第1項）。

> ① 定型約款を契約の内容とする旨の合意があった場合、または
> ② 定型約款を契約の内容とする旨をあらかじめ相手方に表示していた場合

　①が契約に合意したものと評価されるのは当然として、事業者にとってポイントとなるのは、②のように、明確な合意はないまま「定型約款を契約内容とする旨をあらかじめ相手方に表示していた場合」に当たるのはどのようなケースなのかという点です。

■ 利用規約の表示・同意の5パターン

　表2-2は、ウェブサービスによくみられる利用規約の表示方法と同意の取得方法をまとめたものです。理論的には、3 × 3 ＝ 9 つのパターンが考えられますが、利用規約の表示方法と同意の取得方法がアンバランスになってしまうため、実際には以下の5パターン以外はあまり採用されません。

① 規約全文表示×規約同意クリック
② 規約全文表示×画面遷移を兼ねる同意クリック
③ 規約リンク×規約同意クリック
④ 規約リンク×画面遷移を兼ねる同意クリック
⑤ 規約全文＆リンク表示なし×同意クリックなし

■ 表2-2｜同意の取り方のバリエーション

	規約全文表示	規約リンク	規約表示なし
規約同意クリック	①	③	-
画面遷移を兼ねる同意クリック	②	④	-
利用開始によるみなし同意	-	-	⑤

　このうち、代表的な3つのパターンであるパターン①、④および⑤について、民法上の定型約款として有効に組み入れられるか、それぞれ見ていきましょう。

パターン①　規約全文表示×規約同意クリック

・「利用規約に同意する」旨のチェックボックスへのチェックを求める
・その際に、スクロールボックス内や本文中に、利用規約の全文を表示する

この方法であれば、定型約款として有効に組み入れられると言えます。これに加え、利用規約の最終行までスクロールしなければ『同意する』ボタンやチェックボックスをグレーアウトして押せないようにしているケースや、さらに一歩進んで、「ユーザー投稿情報の利用許諾や第三者への情報提供など、特にユーザーの関心が高い事項については別途列記し、それぞれ独立のチェックボックスを設けておく」といった方法で、同意の確実性をさらに高めているケースもあります。

　しかし、この①は確実に同意を得やすい反面、ユーザーが長い利用規約を前に「何か思いもかけないことが書いてあるのではないか」という不安を抱いてサービスへの申込みをためらってしまったり、そもそもスクロールやクリック回数の多さに嫌気がさし、申込手続きから離脱してしまう恐れもあります。

パターン④　規約リンク×画面遷移を兼ねる同意クリック

・申込ボタンに「利用規約に同意して申込む」という旨を表示しつつ
・利用規約へのハイパーリンクにより、利用規約へアクセスできるようにしておく

　利用規約の内容を確認したいユーザーに配慮しつつ、利用規約の内容にさほど関心のない大半のユーザーからは自然な流れで利用規約への同意を取得することを目指す方法です。

　しかし、そもそも規約の全文を表示しなくても、定型約款として問題なく組み入れが認められるのでしょうか？

　そこで、経済産業省がまとめている「電子商取引及び情報財取引等に関する準則」（令和4年4月）を見ると、ウェブサービスの利用規約に対する同意取得について、以下の記載があります。

1　経済産業省「電子商取引及び情報財取引等に関する準則（令和4年4月）」P39
　https://www.meti.go.jp/policy/it_policy/ec/20220401-1.pdf

> ウェブサイトを通じた取引やウェブサイトの利用に関して契約が成立する場合に、サイト利用規約がその契約に組み入れられる(サイト利用規約の記載が当該契約の契約条件又はその一部となる)ためには、①利用者がサイト利用規約の内容を事前に容易に確認できるように適切にサイト利用規約をウェブサイトに掲載して開示されていること、及び②利用者が開示されているサイト利用規約に従い契約を締結することに同意していると認定できることが必要である。

　この準則の基準に照らすと、「規約リンク×画面遷移を兼ねる同意クリック」も、同意を取得する方法として十分なものとなりうると言えそうです。これはあくまで経済産業省が作成したガイドラインであって、「裁判所の見解と一致する」という保証まではありませんが、官庁が正式にリリースしている基準ではあります。準則の基準を満たしておけば、ある程度安心と言えるでしょう。

　もっとも、改訂前の平成22年版準則では、規約の全文を表示していなければ「原則として法的効力は認められない」と記載していました。今後も、トラブルの発生状況や実務の動向によって、この基準が変更される可能性がある点には注意してください。

パターン⑤　規約表示なし×利用開始によるみなし同意

・利用規約を積極的には表示しない
・同意の意思を確認するボタンなどへのクリックも求めず、サービス利用開始をもって同意したものとみなす

　ウェブサービスの黎明期にしばしば採用されていたパターンです。このパターンでは、利用規約の文中に、

「本サービスの利用を開始した場合には、本サービスの利用規約に同意したものとみなします。」

というみなし同意文言を記載しているのが通例です。

　これが民法第548条の2第1項の「定型約款を契約の内容とする旨をあらかじめ相手方に表示していた場合」に該当するかが問題となります。該当すれば、このようなカジュアルな同意でも問題ないことになるようにも思われます。

　しかし、この点について、パターン④で参照した準則では、利用規約が契約条件に組み入れられないであろう場合の具体例として、「ウェブサイト中の目立たない場所にサイト利用規約が掲載されているだけで、ウェブサイトの利用につきサイト利用規約への同意クリックも要求されていない場合」を挙げています[2]。

　そうしたことを踏まえると、少なくとも利用規約へのリンクを申込ページにおいて表示し、その利用規約本文へのリンクの存在を認識させた上で、ボタンをクリックさせるなどのアクションをユーザーに求めるべきであり、⑤の方法はおすすめできません。

■ **図2-6│同意取得画面の例**

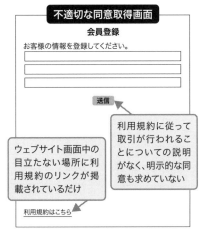
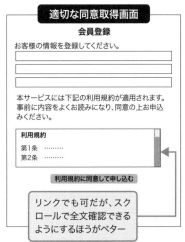

2 脚注1参照

●事例1

　日本において、「利用規約・プライバシーポリシーへの同意取得が不適切であった可能性がある」と指摘されたことが発端となり、会社清算にまでいたった事例があります。それは、2011年9月に株式会社ミログがリリースしたスマートフォンアプリ「app.tv」です。

　app.tvは、「動画配信のアプリにリワード広告（広告にアクセスしたユーザーに報酬の一部を還元する仕組みを持った広告）機能を加えたもの」という説明がなされていました。しかし、実はユーザーから明示的に同意を得ることなく、同アプリがインストールされたAndroid端末におけるアプリケーション利用状況などを、ミログのサーバーにアップロードする、という仕様になっていました。また同社は、「app.tvと同様の仕組みをアプリに導入すると、1ダウンロードあたり1円を支払う」という開発ツールも配布していました。

　ミログは「悪意はなかった」と釈明し、第三者調査委員会を入れて調査報告を行ったものの、問題の収束にいたらず、2012年4月、社長自ら会社の清算を決断し、解散するという結論となりました。

●事例2

　2018年、Facebook（現Meta）が、データ分析会社ケンブリッジアナリティカの「性格診断アプリ」（GSRApp）をダウンロードしたユーザーおよびその「友達」のプロフィールデータ、「いいね」ボタンの履歴データなどについて、ケンブリッジアナリティカに無断で収集させていた事件が発覚しました。

　ケンブリッジアナリティカは、Facebookプラットフォーム上で性格診断アプリを配信し、5000万人超のパーソナルデータを収集。同社はユーザーに対して個人を識別できるデータは収集していないとしながら、実際には収集したデータを基にパーソナリティを分析し、その結果を有権者データと照合しターゲティング広告に利用していました。ケンブリッジアナリティカによるこうした悪用が可能であった原因は、2014

年以降はアプリ開発者によるユーザーの友達データへのアクセスを許可しないとしながら、ケンブリッジアナリティカの性格診断アプリを含む既存のアプリ開発者に対しては、この事件が発覚するまで友達データにアクセス可能な状態としていた Facebook にありました。

このような同意のないパーソナルデータの利用に対する制裁として、連邦取引委員会(FTC)は Facebook に対し 50 億ドル(約 7000 億円)の制裁金を支払う和解契約を締結し、以後 20 年間、Facebook や Instagram などの同社アプリの運営などにおいてプライバシー保護策の実施を要求・監視することとなりました。

■ 利用規約を変更したときの同意にも注意

いったん利用規約への同意を得た後も、サービスの内容が変わったり、新たにケアしなければならない事象に後になって気づいたりすることはよくあります。そのような場合には、利用規約を変更する必要が生じます。では、利用規約はどのように変更すればいいのでしょうか?

利用規約は、ウェブサービス事業者がユーザーに提示し、ユーザーがそれに同意することで成立する「契約」の条件です。そして、一度成立した契約の条件を変更する場合は、その都度ユーザーから同意を取らなければならないのが原則です。

しかし、多くのウェブサービスでは、利用規約において「ウェブサービス事業者が、一方的に利用規約を変更できる権利」を定めつつ、ユーザーから明示的に同意を取ることなく利用規約を変更しています。これは、以下の理由によるものと考えられます。

・多くのユーザーは利用規約の変更には無関心であり、よほど条件が悪化しない限りは、合意を取り直さなくてもクレームにつながることは多くない
・変更に同意してもらう手続きをきっかけに、ユーザーがサービスを退会してしまうリスクがある

しかし、ユーザーにとって影響が大きい条件を変更する場合や、ユーザーに具体的な不利益が及ぶ条件を変更する場合には、変更合意を拒絶したり、しばらく経ってから「私は変更合意をしていない」と主張するユーザーが現れる可能性があります。

　このようなケースで紛争が多発することを見越して、民法に定型約款の変更に関する規定が定められました。具体的には、相手方の利益に資するような変更や、そうでなくても定型約款の変更が契約の目的に反することなく、かつ変更内容が合理的である場合には、相手方の同意を得ることなく定型約款を変更できる旨が定められています（民法第548条の4）。

　ただし、どこまでの変更が「合理的」と言えるのかはケースバイケースです。もし、裁判所によって変更内容が合理的ではないと判断されれば、その部分の変更は無かったものとされてしまいます。サブスクリプション・SaaSなどの継続的なサービスにおいて途中で料金変更をする際などには、特に注意を要します。詳しくは2章05を参照してください。

　なお、この規定にもとづいて変更を行う場合は、変更の効力発生時期を定めるとともに、変更する旨とその内容をウェブサイト上での掲載等の方法で周知する必要があります。

●事例1

　実際のウェブサービスで採用されている規約変更の方法について、具体的な事例を見てみましょう。イーロン・マスクが買収したことでサービスの内容に大きな変更が加えられたX（旧Twitter）では、2023年9月29日付で利用規約とプライバシーポリシーを変更しました。その際、9月上旬からユーザーがサービスにログインした直後にポップアップ表示を出すことで、改定内容の周知を行いました。なお、変更内容に対するユーザーからの明示的な変更同意は取得していません。

■ 図2-7｜X（旧Twitter）は「OK」ボタンのみを設置したポップアップで規約変更を
　　　　周知

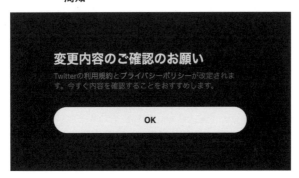

●事例2

　一方、合併により複数サービスに登録した個人情報を統合する必要が発生したLINEヤフーでは、統合（変更）後のプライバシーポリシーに「同意する」ボタンをクリックした後に、アカウントを連携するボタンを再度クリックさせる慎重な方法を採用しました。[3]

■ 図2-8｜LINEヤフーは「同意する」「あとで確認する」の二択ポップアップで規約
　　　　の統合について同意を要請

3 【LINEヤフー】LINEとYahoo! JAPANのアカウント連携を開始
　https://prtimes.jp/main/html/rd/p/000000013.000129774.html

■ 過去のバージョンもすぐに確認できるようにしておく

　利用規約を変更した場合も、ユーザーとの交渉や訴訟などを通じて、過去のバージョンを参照する必要が生じることがあります。このようなケースにおいて、ウェブサービス事業者は過去の利用規約の変更履歴を保管しておくことが容易である一方、ユーザーは自らが同意した利用規約を手元に保存しておかないのが一般的であることから、ユーザーが同意をした利用規約の内容の立証はウェブサービス事業者に課される可能性もあります。そのため、過去のバージョンもアーカイブし、すぐに確認できるようにしておく必要があります。

　また、同意を取得した後および利用規約を変更した後に、ウェブサイトで確認を求めた利用規約などの全文をメールで送信しておきましょう。あとあとユーザーからクレームが発生した場合に、「利用規約やプライバシーポリシーが変更されたことを知らなかった」と主張されることを防ぐ効果を得られます。

　前述の経済産業省の準則 P48 にも、利用規約の変更について以下の記載があります。

　　適用されるべきサイト利用規約の記載内容につき万が一利用者と紛争が生じた場合には、取引時点のサイト利用規約の内容やその変更時期などについてはサイト運営者が立証すべきであるとされる可能性が高い。その理由としては、サイト運営者側はサイト利用規約を含めたサイト上の情報を作成しサーバー等で管理しておりサイト利用規約の変更履歴等を保存することが容易な立場にあること、及び通常の書面ベースの契約と異なり電子消費者契約では利用者側にサイト利用規約の内容の証拠となる電磁的記録が残らない仕組みが一般的であることが挙げられる。したがって、サイト運営者は、将来の紛争に備えて、何時、どのようなサイト利用規約をウェブサイトに掲載し、何時どのような変更を行ったのかの履歴を記録しておくことが望ましい。

また、トラブル対応という側面を離れ、変更前の利用規約やプライバシーポリシーを単にアーカイブしておくだけでなく、すべてのバージョンをユーザーが自由に閲覧できるように公開することで、ユーザーサポートの一環として変更手続きの透明性を高めようとしているケースも存在しています。たとえば、Google は、利用規約ページから更新情報ページへリンクし、過去修正したすべてのバージョンの利用規約を掲載しています[4]。

　利用規約やプライバシーポリシーの変更は、ユーザーにとっては不安を伴う手続きです。そのため、ユーザーから信頼を獲得するための取り組みもまた、重要なのです。

Point

- 利用規約が法的に有効な定型約款と認められるためには、目立たない場所に表示するだけでなく、ユーザーが認識できるようにしておく必要がある
- 定型約款として認められれば、一定範囲で条件変更も可能となるが、ユーザーにとって重要な点について条件を変更する場合は、できる限りユーザーの同意を再取得する
- 変更前の利用規約はアーカイブし、ユーザーが確認できるようにしておく

4 Google ポリシーと規約―更新情報：利用規約
　https://policies.google.com/terms/archive?hl=ja

08

ユーザーがアップロードした
コンテンツの「権利処理」

■ 「勝手に使うな、改変するな!」と言われないために

　ウェブサービスの多くは、ユーザーが画像やテキストなどのコンテンツをアップロードし、シェアする機能を備えています。そして、このような機能を実現する上で欠かせないのが、コンテンツの権利処理です。

　ユーザーがウェブサービスにアップロードしたコンテンツ(投稿コンテンツ)については、投稿コンテンツを創作した人(著作者)に、著作権がコンテンツの創作と同時に自動的に付与されるため、著作権者に無断で投稿コンテンツを「利用」(コピー・改変・貸与など)することは、原則として、著作権侵害になってしまいます。しかし、ウェブサービスにおいて投稿コンテンツを取り扱う際には、

・**画面レイアウトの都合上、ユーザーが投稿した画像の一部の切り抜きや縮小をして表示したい**
・**ウェブサービスの説明資料において、人気のある投稿コンテンツを紹介したい**

といった場面で投稿コンテンツを「利用」することは避けられません。投稿コンテンツの権利処理とは、このようなケースで、権利者から著作権を主張されて投稿コンテンツの「利用」ができなくならないように利用許諾や権利の譲渡を受けることをいいます。

投稿コンテンツの権利処理は、日々のサービス提供の場面だけでなく、サイト運営が軌道に乗り、大手企業にサービスごと事業譲渡することになった際にも重要なポイントになります。このような事業譲渡の場面では、必ずサイト上のコンテンツの権利処理が適切に行われているかを確認されます。その際に、投稿コンテンツについて適切に権利処理がなされていないことが判明した場合には、事業譲渡の話自体が破談になってしまったり、対価の減額を要求される原因になりうるのです。

■ コンテンツの権利を処理する3つのパターン

　では、投稿コンテンツの権利処理は、具体的にどのように行えばよいのでしょうか。権利処理の方法として代表的なものは、下記の3パターンです。

パターン①　サービスを継続的に提供する目的の範囲内で変更等の許諾を受ける

　ウェブサービス事業者自身が、サービスを継続的に提供する目的の範囲内で、投稿コンテンツに関する最低限のコントロール権だけを確保するときのパターンです。

　たとえば、ウェブサービスの画面のデザインの都合上発生する、

・文章の一部の切り取り
・写真のサイズの変更
・表示領域の変更

などが権利侵害にならなくなります。また、他のユーザーによる投稿コンテンツのシェア機能などのソーシャルメディア的な機能についても、この権利処理によってはじめて著作権侵害にならなくなるのです。

　ただし、このパターンでは、投稿先のウェブサービスとは無関係の行

為、例えばユーザーが書いた記事を第三者に有償で販売したり、別のサービスに転用することまではできません。

このパターンは、ユーザーの負担が小さく、応じなければならない理由も明確なので、ユーザーからは最も受け入れられやすい条件ですが、その反面、ウェブサービス事業者が投稿コンテンツを利用できる範囲は小さくなりますので、新たに開発する別サービスへの転用などの許諾外の利用を行ってしまうことのないよう、注意が必要になります。

> 【条項例】
> ユーザーは、本サービスを利用して投稿その他送信するコンテンツ（文章、画像、動画その他のデータを含むがこれらに限らない）について、当社及び他のユーザーに対し、本サービスの円滑な提供、本サービスが備えている機能の実現及び当社システムの構築・改良・メンテナンス等に必要な範囲内で、変更、切除その他の方法で利用することを、無償で非独占的に許諾します。

パターン②　無制限に利用する許諾をとる

上記の①より踏み込んで、投稿コンテンツを、ユーザーとほぼ同様の権限で、無制限に利用できるようにするパターンです。たとえば、以下のようなこともできるようになります。

・ユーザーのおもしろい書き込みだけを集めて再配信するサービスを始める
・ユーザーのコンテンツを書籍化・動画化する

ただし、この場合も、ウェブサービス事業者は、あくまでも「著作者からライセンスしてもらっている」という立場に過ぎません。そのため、書き込み・アップロードをしたユーザーは、著作権者として、ライバル

企業が運営する別のウェブサービスに同じコンテンツをアップロードすることもできてしまいます。

　なお、ユーザー心理としては、アップロードしたコンテンツをウェブサービス事業者に自由に利用されることは受け入れがたいのが通常です。サービスが無償で提供されており、ユーザーが投稿コンテンツに思い入れを全く持っていないといったような例外的な場合でなければ、ユーザーからの強い反発を招く可能性が高いという点には注意してください。

　そのため、利用規約上はこのように広く利用権を確保している場合でも、ユーザーの真意に反する可能性があるような方法でコンテンツを利用をする場合は、個別に確認をすることをおすすめします。

【条項例】
　ユーザーは、本サービスを利用して投稿その他送信するコンテンツ（文章、画像、動画その他のデータを含むがこれに限らない）について、当社に対し、世界的、非独占的、無償、サブライセンス可能かつ譲渡可能な使用、複製、配布、派生著作物の作成、表示及び実行に関するライセンスを付与します。また、他の登録ユーザーに対しても、本サービスを利用してユーザーが投稿その他送信したコンテンツの使用、複製、配布、派生著作物を作成、表示及び実行することを、許諾します。

パターン③　著作権を譲渡してもらう

　書き込み・アップロードされたコンテンツに関する財産的権利を、まるごとウェブサービス事業者のものにしてしまうパターンです。

　後述する「著作者人格権」にさえ配慮すれば、ユーザーに気兼ねなく、かつ独占的にコンテンツを利用できるようになるため、このパターンでコンテンツを集められればビジネス上強力な武器となりえます。また、第三者への事業譲渡にあたっても、ここまでの権利を確保していれば、

問題にはなりにくいものと考えていいでしょう。

　しかし、ウェブサービス事業者にとって利便性が高い反面、「ユーザーが権利の対価に相当する利益を得られる（許容性）」「サービスの性質上、権利をウェブサービス事業者が取得する必要性がある（必要性）」「権利が譲渡されることをユーザーが理解できている（予測可能性）」といった特別な事情がない限り、ユーザーからの強い反発を招き、サービス自体が立ち行かなくなってしまうことが予想されますので、このパターンを採用する場合には慎重な検討が必要になります。

【条項例】
　ユーザーは、本サービスを利用して投稿その他送信するコンテンツ（文章、画像、動画その他のデータを含むがこれに限らない）について、その著作物に関する全ての権利（著作権法第 27 条及び第 28 条に定める権利を含みます）を、投稿その他送信時に、当社に対して無償で譲渡します。

● 事例 1

　2014 年 5 月、ユニクロが、スマートフォン向けアプリを用いて T シャツをデザインし、購入できるサービス「UTme!」を開始しましたが、当初、このサービスの利用規約には、ユーザーは投稿データに関するすべての権利を譲渡する旨が定められていました。これは上記のパターン③、著作権を譲渡してもらう例に該当します。

　この条件を発見したユーザーが SNS で問題提起をしたことが端緒となり、SNS やニュースサイトを中心に、UTme! に対する猛反発が発生しました。

　本来、UTme! は権利の譲渡を受ける必要のないサービスであったこともあり、ユニクロはユーザーの声を受け、同年 5 月 21 日付で利用規約の改定をし、2024 年 1 月現在では以下のような規定になっています。[1]

1 https://utme.uniqlo.com/page/terms/

つまり上記パターン③からパターン①に変更したことになります。

UTme! 利用規約第 10 条

3. 投稿データの著作権は、既に他者の著作権が存在している部分を除きユーザーに帰属します。ただし、出品ユーザーは、出品データについて、当該出品データの投稿をもって、当社が他のユーザーに販売する権利を許諾したものとみなします。
4. 当社は、投稿データについて、本サービスの円滑な提供、当社システムの構築・改良・メンテナンス等に必要な範囲内で、変更その他の改変を行うことができるものとします。

●事例 2

　オンラインミーティングサービスを提供する Zoom は、2023 年 3 月に利用規約を改定し、ユーザーが送信したデータ等について、機械学習や AI などを含む幅広い用途に利用できる旨のパターン②に近い記載を設けました。しかし、オンラインミーティングでは、プライバシー情報などの人に聞かれたくないやり取りをしていることも少なくない以上、そのような利用許諾はユーザーには受け入れられず、Zoom の利用規約の変更内容を知ったユーザーから強く非難される事態となりました。

　これを受け、Zoom は、同年 8 月にパターン①の限定的な利用許諾だけを定める内容へと利用規約を再度改定するとともに、特に批判の大きかった機械学習については、利用規約内に太字で「Zoom は、オーディオ、ビデオ、チャット、画面共有、添付、その他のコミュニケーション関連のカスタマーコンテンツ（投票結果、ホワイトボード、リアクションなど）を使用して Zoom またはサードパーティの AI モデルをトレーニングすることはありません。」と明記する対応を取る結果となりました。

譲渡のパターンで「著作権法第 27 条及び 第 28 条に定める権利を含みます」を入れる理由

　著作権の譲渡を受ける条項において、譲渡対象の権利は「著作物に関するすべての権利（著作権法第 27 条及び第 28 条に定める権利を含みます）」と記載されることがあります。なぜ、このような仰々しい文章が必要なのでしょうか？

　実は、著作権法第 61 条第 2 項（著作権の譲渡）には、

> 「著作権を譲渡する契約において、第二十七条又は第二十八条
> に規定する権利が譲渡の目的として特掲されていないときは、
> これらの権利は、譲渡した者に留保されたものと推定する。」

と定められています。つまり、このカッコ書きがないと、「譲渡した者に留保」、すなわちウェブサービスの場合はユーザーがこの権利を持ち続ける、ということが法律上明記されているのです。

　ちなみに、第 27 条と第 28 条には、それぞれ以下の権利が定められています。

・第27条 ⇒ 翻訳、翻案権等
・第28条 ⇒ 二次的著作物の利用に関する原著作者の権利

　「翻案」とは、小説を原作として映画化する場合のように、構想やあらすじを変えず、表現様式を変えて新しい著作物を作ることをいいます。

　「二次的著作物の利用に関する原著作者の権利」とは、翻案によって創作された二次的著作物の元となった著作物の権利者（たとえば、小説の映画化であれば小説を書いた作家）が、その二次的著作物の利用について、自分も権利を行使できるというものです。

　たとえば『ハリー・ポッター』が、日本語も含めて各国の言葉に翻

訳され(翻訳権)、映画化された(翻案権、これにより創作された映画が二次的著作物)ことを思いうかべると、イメージしやすいのではないでしょうか。

　一般的に弱い立場となりがちなクリエイターを保護する趣旨で、この2つの権利の譲渡については、明確に意思表示を行うことが求められています。

　同じ譲渡を受けるにも、この権利までの譲渡を受けているかいないかでは、大きな違いが生まれます。この文言を入れていない契約書・利用規約を目にすることも多いですが、わざわざ法律に明記されているポイントです。譲渡パターンを採用する際は、必ずこの「(著作権法第27条及び第28条に定める権利を含みます)」を入れるようにしましょう。

■ どのパターンでも「著作者人格権」のケアが必要

　さてもう1点、やや細かい知識となりますが、上記①〜③のうちどのパターンを選択したにせよ、ケアできない点が残ります。それは、「著作者人格権の権利処理」です。

　著作権には、権利の許諾や譲渡ができる著作財産権とは別に、著作者人格権という権利も含まれています。そして、この著作者人格権は著作者だけに帰属し、たとえ著作者が、著作権をウェブサービス事業者にまるごと譲渡する気がある場合であっても、著作財産権のように他人に利用を許諾したり譲ったりすることができない権利なのです。つまり、前述した権利の許諾や譲渡は、著作財産権についてしかカバーできないということです。

　そのため、上記3パターンのどの権利処理を選択するにせよ、別途「権利者に対して著作者人格権を行使しない」という規定を入れておくことが必要になります。

【著作者人格権の不行使条項】

　　ユーザーは、当社及び当社が指定する者に対して著作者人格権を行使しないことに同意するものとします。

　この規定がない場合、著作者がいつまでも著作者人格権、具体的には公表権（未公表の著作物の公表をコントロールする権利／著作権法第18条）・氏名表示権（著作物に表示する著作者名をコントロールする権利／著作権法第19条）・同一性保持権（著作物の同一性が損なわれることを防ぐ権利／著作権法第20条）という3つの権利を行使することができることになってしまい、以下のリスクが残ります。

・公表権にもとづいて、未公開状態のステータスにある投稿コンテンツを公開状態にすることについて反対される
・氏名表示権にもとづいて、投稿コンテンツに著作者として氏名を表示するよう要求される
・同一性保持権にもとづいて、投稿コンテンツの変更、切除その他の改変を禁止される

　特に同一性保持権は、「著作者の意向」という主観的な事情で変更等を禁止しうる、厄介な権利です。これを行使しないことを明記しておかないと、著作財産権のライセンス・譲渡を受けた意味が失われてしまうリスクすらあります。

■ 権利処理は、ユーザーが権限を持っていなければ意味がない

　これまで検討してきた権利処理は、ユーザーが、投稿コンテンツを投稿する権利を有していることを前提にしています。もし、投稿コンテンツを投稿する権利を持たないユーザーがウェブサービス事業者に著作財

産権を利用許諾したり、著作者人格権の不行使に同意したりしていても、他人の持ち物をプレゼントする約束と同じで利用許諾や不行使が実現されることはなく、意味のない規定になってしまうからです。

　そのため、ウェブサービス事業者としては、禁止事項に以下のような規定を設けることにより、ユーザーが投稿コンテンツを投稿する権利を有していることをユーザーに保証してもらう必要があります。

【条項例】
　登録ユーザーは、投稿データについて、自らが投稿その他送信することについての適法な権利を有していること、及び投稿データが第三者の権利を侵害していないことについて、当社に対し表明し、保証するものとします。

　また、ユーザーが、第三者が制作したイラストや文章を、それが悪いこととは知らずに投稿してしまうことを防ぐためには、投稿を受け付ける画面や投稿確認の画面で投稿する権利を有しているのかの確認を求めることも有効です。

Point

●ユーザーからのコンテンツのアップロードを受け入れる場合は、ウェブサービス事業者がコンテンツをコントロールするために、一定の権利を確保しておく必要がある

●著作権の譲渡や無制限の利用許諾までを求めると、ウェブサービス事業者にとって利便性は高まる反面、ユーザーから強い反発を受ける可能性がある

●著作者人格権は著作者から譲り受けることができないため、行使しない旨の同意をユーザーから得ておく

09

パーソナルデータの利用や
提供に対する法規制

■ 個人情報を無断で利用してはいけないことは
だれでも知っている……けれど

ウェブサービスの運営を通じて蓄積されたユーザーのパーソナルデータからは、利用価値の高い情報を抽出できることもあります。そのため、蓄積したパーソナルデータを転用したくなるケースは少なくありません。

そのとき、転用しようとする情報が氏名のような特定のユーザーを識別できる情報の場合は、ウェブサービス事業者としても「それをやったらまずい感」をひしひしと感じるでしょう。実際に、特定の目的に利用する旨を明示していない限り、個人情報の不正な取得または目的外利用にあたり、法律違反になってしまいます。

では、「特定のユーザーを識別できる情報」とはただちに言い切れなさそうな情報、たとえばユーザーのウェブ上での行動履歴や、ユーザーがアップロードしたデータの場合はどうでしょうか？

「特定の個人を識別できる情報を隠してあれば、個人情報には該当せず、自由に使ってもかまわないのでは」

と思いませんか。

ところが、問題はそう簡単ではありません。

■ 容易照合性と提供元基準によって拡大する 保護すべきパーソナルデータの範囲

　1章02でも説明したとおり、個人情報保護法が規律の対象とする「個人情報」とは、単一の情報項目だけでそれが個人情報に当たるかは判定できず、特定の個人を識別できる情報と容易に照合できる（容易照合性のある）情報を含む定義となっています。例えば、事業者のデータベースの中で、特定の個人を識別できるユーザー ID とウェブ上の行動履歴を紐付けてレコード（行）に保存していれば、その行動履歴も個人情報（個人データ）に該当します。

　以下のデータベース X においては、ユーザー AA00001 が 11 月 1 日の 23:40 にユーザー BB00002 のプロフィールを閲覧し、その約 1 時間後に DM を送信したウェブ上の行動履歴が残っています。一見すると、このデータベース X のレコードには特定の個人を識別できる情報が入っていないために、個人情報（個人データ）ではないようにも見えます。しかし、この事業者が別のデータベース A でユーザー AA00001 の氏名やメールアドレスを保存していれば、データベース A と X の照合はユーザー ID を通じて容易に行えることから、データベース X 上のウェブ行動履歴も個人情報（個人データ）ということになります。

■ 表2-3 │ データベースX

ユーザー ID	イベント ID	発生日時	アクション	アクセスURL	…
AA00001	100100	2023/11/01 23:40	BB00002 プロフィールアクセス	https://www.example.com/…/…	…
AA00001	100555	2023/11/02 00:40	BB00002 DM送信	https://www.example.com/…/…	…
AA00001	…	…	…	…	…

■ 表2-4│データベースA

ユーザー ID	登録日	氏名	電話番号	SNS ID	…
AA00001	2023/12/24	甲山花子	090*********	@xxyyzz	…
AA00002	…	…	…	…	…

　2章の Prologue に登場した起業家は、

「ユーザーが登録した属性情報と、ユーザーが学習用データとしてアップロードした動画を分析して、企業向けに販売できるレポートを作るのはどうでしょう……もちろん、個人情報は特定の個人を識別できないように加工した上で販売しますよ」

と弁護士に相談し、たしなめられていました。このケースで、まず個人情報の定義との関係ではどのような点が問題となるのかを考えてみましょう。
　動画について、特定の個人を識別できないように加工するには、顔の容貌および声（個人識別符号に該当します）を削除することが最低限必要です。そこで1つのアイデアとして、たとえば動画の内容をテキストに書き起こすことでユーザーの顔の容貌・声を取り除き、それを職業属性ごとに分類して企業に販売すれば、個人情報の第三者提供に当たらないようにも見えます。
　しかし、起業家にとっては、その発言録の元となった動画をアップロードしたユーザー ID がわかっている（だからこそ職業属性で分類できる）状態であることがポイントです。起業家が特定個人を識別することが可能な状態の動画から生成された発言録は、テキストに加工をしたとはいえ、ユーザーと起業家との関係では引き続き特定の個人を識別できる情報であることは変わらないので、それを販売する行為は個人情報の第三者提供となります。このように、個人情報を加工して第三者に提供して

も、提供元となった事業者内部で特定の個人が識別できる以上、加工後の情報も個人情報に該当するという考え方を「提供元基準」といいます。

　なお個人情報を第三者に提供する際には、原則として本人の同意が必要となります（個人情報保護法第27条第1項）。以下表のケースに該当すれば、本人の同意を得なくても提供できますが、2章 Prologue の起業家が想定しているケースは、このいずれにも当てはまりません。

■ 表2-5 │ **本人の同意なく個人情報（個人データ）を第三者に提供できるケース**

分類	提供可能な場合
適用除外	法令（刑事訴訟法等）に基づく（第27条第1項第1号）
	生命・身体・財産の保護に必要、かつ本人の同意を得ることが困難（第27条第1項第2号）
	公衆衛生・児童の健全育成に必要（第27条第1項第3号）
	国の機関等への協力に必要、かつ本人の同意を得ることが業務遂行に支障あり（第27条第1項第4号）
	学術研究目的での提供または取扱い（第27条第1項第5～第7号）
オプトアウト手続	以下の項目について、本人に通知または本人が容易に知り得る状態に置き、個人情報保護委員会へ届出を行う（第27条第2項） ・個人データを第三者に提供する旨 ・提供する個人データの項目 ・提供方法 ・本人の求めに応じて提供を停止する旨 ・本人の求めを受け付ける方法
第三者に該当しない者への提供	委託先（第27条第5項第1号）
	合併・事業承継（第27条第5項第2号）
	共同利用（グループ会社等）（第27条第5項第3号）

　以上のように、容易照合性に加えて提供元基準という考え方が重ねがけされるとなると、事業者の内部でいったん個人情報と紐付けられた情報は、その後どのように加工してもすべて数珠繋ぎで個人情報として取り扱わなければならないように思えてきます。そう考えておいた方が法

律遵守の観点からは安全ではあるのですが、個人情報保護法は、特殊な加工を行うことを条件に、取扱いのハードルを少しだけ下げる方法を認めました。それが

・匿名加工情報
・仮名加工情報

と呼ばれるものに加工する方法です。

■ 匿名加工情報・仮名加工情報は取扱いの 体制づくりのハードルが高い

　「匿名加工情報」とは、加工元になった個人情報を復元できないレベルに匿名化した情報です（個人情報保護法第2条第6項）。必要な加工方法については、下記①〜⑤のとおり定められています（個人情報保護法施行規則第34条）。

① 特定の個人を識別できる記述等の削除・置換
② 個人識別符号の削除・置換
③ 加工元の個人情報と連結する符号（ID等）の削除・置換
④ 特異な記述等の削除・置換
⑤ データベースの性質・内容に応じた適切な措置（項目削除・一般化・トップコーティング・ノイズの付加等）

　匿名加工情報は、パーソナルデータを含むビッグデータの安全な流通を望む事業者の声に応えるために、2017年から導入された制度です。本人の同意なく第三者への提供を可能とする制度として期待をもって導入された制度であったものの、現実にはあまり活用されませんでした。作成した匿名化データベースに「特異な記述等」がないようにする加工作

業のハードルが高いこと、また「性質・内容に応じた適切な措置」の基準も不明確で、ケースバイケースで高い水準の措置を求められる等のおそれがあるためと考えられます。

　そこで、もう一段の規制緩和策として2022年に追加導入されたのが、「仮名加工情報」です。仮名加工情報とは、他の情報と照合しない限り、特定の個人を識別することができないように仮名化された情報をいいます(個人情報保護法第2条第5項)。求められる加工方法については、下記①～③の通り定められています(個人情報保護法施行規則第31条)。

① 特定の個人を識別することができる記述等の削除・置換
② 個人識別符号の削除置換
③ 不正に利用されることにより財産的被害が生じるおそれがある記述等の削除・置換

　仮名加工情報は、匿名加工情報よりも簡単に作成できる代わりに、匿名加工情報とは異なる大きな制約が課されています。それは、匿名加工情報は一定の規律のもとで第三者提供が可能なのに対し、仮名加工情報は自社内に閉じた活用を前提とした制度であるため、第三者提供が禁止されているという点です。その他、安全管理措置などにも細かな違いがあり、概要をまとめると以下のとおりとなります。

■ 表2-6 │ 個人情報・匿名加工情報・仮名加工情報の義務の違い

	個人情報	匿名加工情報	仮名加工情報
適正加工義務	―	あり 本人が一切わから ない程度まで	あり 対照表と照合すれば 本人がわかる程度まで
利用目的の制限等	あり	なし	あり ただし変更可能
利用終了時の 消去義務	あり ただし努力義務	なし	あり ただし努力義務
安全管理措置義務	あり	あり ただし努力義務	あり
第三者提供時の同意 取得義務	あり	なし	原則提供禁止
識別行為の禁止義務	―	あり	あり

　2章 Prologue に登場した起業家のように、「特定の個人を識別できないように加工すれば、（自社が持つパーソナルデータを）販売できるのでは」と考えたくなりますが、それには加工に関する技術的な経験・ノウハウだけでなく、上記の表にまとめたような義務を遵守するための体制整備が必要です。そのため、

スタートアップにとっては、匿名加工情報・仮名加工情報制度の活用は、簡単ではない

と考えておいた方が得策です。

■ 個人関連情報には、データ提供先の取扱いを把握する義務が発生

　個人情報保護法によるパーソナルデータ規制の中で、最も新しいものが、1章 02 でも概要を解説した「個人関連情報」に対する規制です。個

人関連情報とは、生存する個人に関する情報ではあるが、個人情報・仮名加工情報・匿名加工情報のいずれにも当たらない情報、と定義されています（個人情報保護法第2条第7項）。この定義を読んで、

「生存する個人に関する情報」なのに「個人情報でも、仮名加工情報でも、匿名加工情報でもない情報」って、どういうこと？

と混乱するのも無理はありませんが、図に表すと、以下のような関係となります。

■ 図2-9 │ 個人情報保護法が定義する「個人関連情報」の位置付け

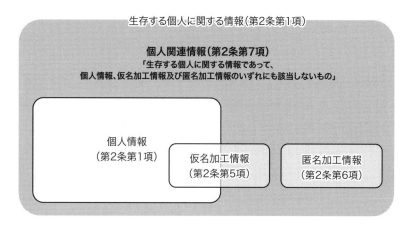

　仮想事例で考えてみましょう。080から始まる携帯電話番号のみをメモした紙が、オフィスの机の上にあったとします。当社にかかってきた電話を受けた新人が、とっさに番号だけメモしたようです。氏名がなく特定の個人は識別できないため「個人情報」ではありません。メモ紙が置かれている状況から、加工元の個人情報があったとも思えず、仮名加工情報でも匿名加工情報でもないはずです。一方で、その番号をダイヤルすれば、現に生きている誰かにつながりますし、その人物が当社に何ら

か用件があったということは間違いがなさそうです。このような状態の携帯電話番号は、まさにこの個人関連情報に当たることになります。

　メモに書き置きされたのが携帯電話番号程度であれば、その取扱いが本人にトラブルを及ぼす可能性は低いでしょう。しかし、仮にこのような携帯電話番号がデータとして蓄積されて 1,000 件以上のリストになっていた場合はどうでしょうか。さらに、蓄積された情報が携帯電話番号ではなく、当社ウェブサイトを訪問したユーザーのブラウザに格納された Cookie のような識別子だったらどうでしょうか。

　このように、個人情報ではないといっても、なんらかの意味をもった情報がデータとして大量に蓄積される状態を想定していくと、そうしたデータの流通にリスクを感じるユーザーが現れるのも無理はありません。そして実際に第 1 章 02 で紹介したリクナビ事案などが発生したことで、パーソナルデータの取扱いに対する規制の強化が求められ、個人関連情報データベース等（同法第 16 条第 7 項）から取り出した個人関連情報を第三者に提供する際には、（当社においては個人関連情報に過ぎなくても）その第三者が個人データとしてこれを取得することが想定されるときは、本人の同意が得られていること等を確認する義務が設けられました（同法第 31 条第 1 項）。加えて、個人情報の第三者提供と同様トレーサビリティ確保のため、提供元も記録の作成義務を負います（同法第 31 条第 3 項・第 4 項）。

　それまでの個人情報に関する規制では、自社がどのようにデータを扱うかだけを考えていれば済みました。新たに生まれたこの個人関連情報に対する規制が悩ましいのは、提供先でのデータの取り扱われ方を、提供元があらかじめ確認し記録まで取らなければならない点です。加えて、それらの義務を果たしたところで責任が免責されるわけでもなく、提供先が不正利用や漏洩等の事故を起こせば、提供元として非難を受けることになります（この規制が生まれるきっかけとなったリクナビ事案でも、提供先の採用企業よりも、提供元が非難の対象となりました）。

　事業者は、そのようなリスクを負ってまで個人関連情報を提供する意

義があるのかは事前によく検討した上で、それでも提供するならば、

**信頼して情報の取扱いを委ねられるパートナー企業を厳選し、個人関連
情報の提供元としてパートナー企業における個人データの取扱いを確認
し、第三者提供の事実をもれなく記録する**

ことを忘れないようにしてください。

■ 外部送信規律への対応

　1章02でも触れたように、2023年6月より電気通信事業法第27条
の12に「外部送信規律」と呼ばれるルールが定められました。これによ
り、ウェブサービスに埋め込まれたプログラム等の情報送信指令により、
ユーザー本人が知らない間に端末等から外部にパーソナルデータを送信
する行為について、規制が強化されています。

■ 図2-10 │ 情報送信指令によって外部送信が発生する仕組み

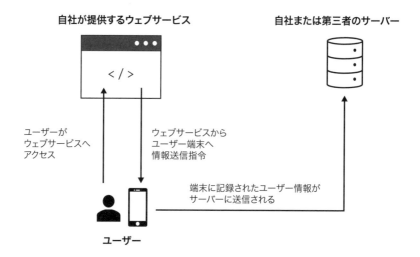

自社が提供するウェブサービス　　　　自社または第三者のサーバー

ユーザーが
ウェブサービスへ
アクセス

ウェブサービスから
ユーザー端末へ
情報送信指令

端末に記録されたユーザー情報が
サーバーに送信される

ユーザー

一般ユーザーが知らない間に端末から情報が送信されている具体例として身近なものが、Google がウェブサービス事業者向けに提供している「Google アナリティクス（GA）」と呼ばれる、ウェブアクセス解析の仕組みです。事業者には、自分のサービスサイトに訪問するユーザーが、いつ・どのサイトを経由して・どれくらいの頻度で訪れてくれているのかといった、ユーザーごとのアクセス履歴を把握し分析したいというニーズがあります。これを実現するための仕掛けとして、自社のサービスサイトにタグ（JavaScript プログラム）を仕込んで、ユーザー端末に情報送信指令を送り、Google のサーバーに対し分析に必要な情報を送信させています。

　ユーザーがウェブサイトにアクセスした履歴が Google に送信されると聞くと、前述の個人関連情報をウェブサービス事業者が Google に対して提供しているようにも思えます。しかしこの点については、自社が GA のタグによりユーザー端末から送信されるアクセス履歴を取り扱っていない（GA のタグを自社として他の用途に用いていない）のであれば、Google が直接ユーザーからアクセス履歴を取得したこととなると考えられ、個人関連情報の提供にはあたらないと考えられています。[1] そうなると、個人情報保護法の対象外となり、規制がかからない情報を送信しているだけ、ということになりそうです。

　とはいえ、ある事業者のサービスを経由して送信される利用者に関する情報が様々な用途に用いられる可能性がある以上、ユーザーが認識しないままにこのような情報の外部送信が行われると、ユーザーとしては安心して電気通信サービスを利用することができなくなります。これを防ぐために、個人情報保護法ではなく、電気通信事業法という別の法律によって事業者に説明義務を課し、ユーザーを保護することにしたわけです。

　具体的には、ユーザーに対し、以下の記載事項を「事前に通知し、又は容易に知り得る状態に置く」ことが求められます（電気通信事業法施行規則第 22 条の 2 の 28、29）。

---

1 「「個人情報の保護に関する法律についてのガイドライン」に関する Q&A」Q8-10
　https://www.ppc.go.jp/personalinfo/faq/APPI_QA/#q8-10

（a）送信されることとなる利用者に関する情報の内容

（b）（a）の情報を取り扱うこととなる者の氏名又は名称

（c）（a）の情報の利用目的

　実務上の対応方法としては、上記（a）から（c）の内容を表形式でプライバシーポリシーに記載して通知・公表する方法が最もシンプルです。一方、グループ会社複数社と連携するサービスや、ウェブ広告事業者との連動が頻繁に必要となるサービスなどでは、外部送信先が数ヶ月おきに変更になる等、記載内容の変更の頻度が高くなるケースもあります。そのため、文書としてのメンテナンスのしやすさ等の都合から、プライバシーポリシーとは別の文書としてウェブサイトに公表する方法を採用する企業も多くみられます。

■ 図2-11│マネーフォワード クラウド「外部送信ツールの一覧」[2]（2024年1月現在）

外部送信ツールの一覧（マネーフォワード クラウド）

※当社における外部送信ツールの利用に関する事項は、「外部送信ツールに関する公表事項」をご確認ください。

(1) 外部送信ツールの一覧（(2)の広告サービスに関するものを除く。）

外部送信ツールの名称 （外部送信ツール提供者）	取得するお客様の情報 （※1）	外部送信ツール提供者に関する情報 （※2）（※4）
Adjust (Adjust GmbH／Adjust株式会社)	・広告識別子 ・端末やアプリの情報 ・ネットワークの情報 ・アクセス履歴	プライバシーポリシー 無効設定（オプトアウト）
Appcues (Appcues, Inc.)	・広告識別子 ・端末やアプリの情報 ・ネットワークの情報 ・アクセス履歴	プライバシーポリシー
PKSHA Chatbot (株式会社PKSHA Communication)	・端末やアプリの情報 ・ネットワークの情報 ・アクセス履歴	プライバシーポリシー
coorum (株式会社Asobica)	・端末やアプリの情報 ・アクセス履歴	プライバシーポリシー
datadog (Datadog, Inc.)	・広告識別子 ・端末やアプリの情報 ・ネットワークの情報 ・アクセス履歴	プライバシーポリシー
FLIP DESK (株式会社マテリアルデジタル)	・端末やアプリの情報 ・ネットワークの情報 ・アクセス履歴	プライバシーポリシー 無効設定（オプトアウト）
Google Analytics／Firebase (Google LLC)	・端末やアプリの情報 ・ネットワークの情報 ・アクセス履歴	プライバシーポリシー 無効設定（オプトアウト）

2 https://corp.moneyforward.com/privacy/ex-tools-mfc/

■ 結局、パーソナルデータを第三者に提供するには どうすればいいの?

　ここまでの説明で、パーソナルデータの利用には様々な厳しい規制が課されるようになったことがおわかりいただけたと思います。スタートアップ企業には、時に既存の法規制の枠組みにとらわれないチャレンジ精神が必要となることもありますが、パーソナルデータの領域に関しては、この数年間で重ねられた議論と法改正によって「やって良いこと・悪いこと」の線引きがクリアになり、チャレンジの余白は極めて少なくなっています。非常に難解な規制ではありますが、独自の解釈や又聞きの知識に頼って行動を起こすのではなく、まずは個人情報保護法で定義されたそれぞれの用語をしっかりと把握し、パーソナルデータに対する解像度を高める必要があります。

　その上で、どうしてもパーソナルデータを利用したい、特に第三者に提供できるようにしたいという企業は、どうすればよいのでしょうか。

　一案としては、プライバシーポリシーに

> 当社は、ユーザーがアップロードした動画に含まれるユーザーの個人情報を、第三者に販売することがあります。

といった文言を明記し、ユーザーから同意を取得する方法も考えられます。しかし、動画のようなセンシティブな情報を含む可能性のあるデータを第三者提供することに、気持ちよく同意してくれるユーザーは少数派のはずです。それにもかかわらず、プライバシーポリシーを通じて、半ば強制的にすべての個人情報の第三者提供に同意を求めることは、それを読んだユーザーに反射的に離脱される・炎上するリスクが相当高いと言わざるを得ず、おすすめできません。

　良いウェブサービスと評価されるためには、そうした形式主義的な・乱暴な方法ではなく、

サービスの中で個別にパーソナルデータの第三者提供に関する同意を取得するようにし、そのユーザーが明確に許諾したデータのみを第三者提供の対象にすべき

と考えます。

Column

プライバシーポリシーの GDPR および CCPA ／ CPRA 対応

日本の個人情報保護法が規制強化を重ねてきたように、世界各国でも企業等による個人情報の取扱いに対する規制は厳しくなっています。中でも、グローバルに事業を展開する企業に影響を与えているのが、EU と米国で施行された以下 2 つの規制です。

・GDPR（General Data Protection Regulation：欧州一般データ保護規則）
・CCPA（California Consumer Privacy Act of 2018：2018 年カリフォルニア州消費者プライバシー法）／ CPRA（California Privacy Rights Act of 2020：2020 年カリフォルニア州プライバシー権法）

・GDPR

EEA（欧州経済領域）の全域に適用される、個人データ保護に関する規則が GDPR です。この規則は、2018 年 5 月より適用が開始されました。

EU 域内に事業所を置かない日本企業であっても、ウェブサービスを通じて同地域内の個人に向けて商品・サービスの提供を行う場合はこれが適用されます。

GDPR では、データ主体（ユーザー）に対する情報提供手段となるプライバシーポリシーに関して、

・簡潔で透明性があり

・理解しやすく

・容易にアクセスでき

・明確かつ平易な文言を用いた

ものとすることが求められています(第12条第1項)。

・CCPA ／ CPRA

　CCPA ／ CPRA は、米国カリフォルニア州が定める消費者プライバシー保護のための法律です。CCPA が 2020 年 1 月に施行され、これを改正する法律として CPRA が 2023 年 1 月に施行されました。

　連邦国家である米国においては、連邦法とは別に各州が定める州法により事業者に独自の規制を課すことがありますが、その中でもとりわけ大手 IT 企業が集まるカリフォルニア州は、プライバシー保護に対する厳しい規制を課しています。日本のウェブサービス事業者であっても、カリフォルニア州民の個人情報を収集し、年間総収入が 2,500 万ドルを超える等一定の条件を満たしている場合は、これが適用されます。

　CCPA ／ CPRA では、プライバシーポリシーの作成・公表について、

・容易に理解でき

・プリントアウト可能で

・目立つ形で公表し

・定期的に見直す

ものであることが求められており、GDPR 以上にユーザーの「知る権利」を強く尊重した法令となっているのが特徴です(第 1798.130 条及び規則第 999.308 条)。

・日本法が要求するプライバシーポリシー記載事項との差異

　GDPR では、日本法をベースに作成するプライバシーポリシーと

比較して、より詳細な情報提供が求められます（第13条及び第14条）。

■ 表2-7 | GDPRが要求する提供すべき情報の項目

提供すべき情報の項目	直接取得	間接取得
管理者の身元および連絡先	13条1項(a)	14条1項(a)
DPO（データ保護責任者）の連絡先	13条1項(b)	14条1項(b)
データ処理の目的・法的根拠	13条1項(c)	14条1項(c)
データ処理の「正当な利益」	13条1項(d)	14条2項(b)
データの類型	―	14条1項(d)
データの受領者	13条1項(e)	14条1項(e)
第三国移転	13条1項(f)	14条1項(f)
保有期間	13条2項(a)	14条2項(a)
データ主体の権利	13条2項(b)	14条2項(c)
同意の撤回権	13条2項(c)	14条2項(d)
監督機関にする異議申立	13条2項(d)	14条2項(e)
データ提供が法令・契約上の要件であるか等	13条2項(e)	―
データの取得元	―	14条2項(f)
自動処理による意思決定の存在等	13条2項(f)	14条2項(g)

CCPA ／ CPRA でも、GDPR 同様に詳細な情報提供が求められますが、中でも、

・過去12ヶ月間に収集した個人情報のカテゴリ
・過去12ヶ月間に第三者に対し販売または開示した個人情報のカテゴリ

について記載し、かつ少なくとも 12 ヶ月ごとにアップデートする義務を課している点は特徴的です（第 1798.110 条）。

・グローバル統一ポリシーとするか、国・地域別ポリシーとするか

　日本発のウェブサービス事業者が成長し、グローバル展開を試みる場合、そのプライバシーポリシーの作成方法は、大きく 2 パターンに分かれます。

① 日本版プライバシーポリシーをベースに、各国・地域ごとに必要な条項を特則として加えていく
② 各国・地域ごとにプライバシーポリシーを分けて作成する

　いずれの方法でも理論上は対応可能ではあるものの、日本の情報保護法制だけをみても、個人情報保護法や電気通信事業法の改正がここ数年で複数回発生してきました。今後、他国でも同様のペースで法改正が重ねられることが予想されます。そうした規制変更への対応の柔軟性確保と、その際の各国ユーザーに対するポリシー変更理由の説明のしやすさ等からも、②を採用するのが現実的でしょう。

Column

クラウド例外と生成 AI サービス

　現在では、ウェブサービスのほとんどがクラウドサービスを利用して運営され、そこではパーソナルデータの入出力を伴うのが通常です。そして、このクラウドサービスが、サービス内に蓄積されたユーザーの個人情報を分析し、その分析結果を第三者に販売する場合には、当然に本人同意を取得する必要が出てきます。一方で、そうしたデータ分析や販売を行わない（ダンボールに入れた荷物を預かるが、荷物の中身を見ることのない倉庫業者のような）クラウド

サービスも少なくありません。

このようなクラウドサービスについて、個人情報の第三者提供規制を例外的に適用しないとする解釈が、個人情報保護委員会のＱ＆Ａによって周知されました。この解釈を、実務上「クラウド例外」と呼んでいます。具体的には、クラウドサービス事業者が保存する電子データに個人データが事実上含まれる場合であっても、クラウドサービス事業者がその個人データを取り扱わないこととなっているときには、個人データを（第三者であるクラウド事業者に）提供したことにならず、本人の同意を得る必要もないとしています。そして、これが適用される条件として、個人情報保護委員会は「契約条項によって当該外部事業者がサーバに保存された個人データを取り扱わない旨が定められており、適切にアクセス制御を行っている場合等」が考えられるとしています（「個人情報の保護に関する法律についてのガイドライン」及び「個人データの漏えい等の事案が発生した場合等の対応について」に関するＱ＆Ａ 7-53）[3]。

このクラウド例外に該当すれば、個人情報保護法上の委託先監督義務や外国にある第三者への提供に関する義務も負わなくて済むことになり、事業者としては負担が軽くなるわけですが、ChatGPTのように、ユーザーが個人データを含む情報を入力し、これに基づき AI が応答結果（文書や画像等）を出力するクラウド型の生成 AI サービスの利用が急速に進み、こうした生成 AI サービスが上記のクラウド例外の適用条件を満たしうるのかが論点となっています。

この論点に関し、個人情報保護委員会は、以下 2 つの文書を公表しました。

a) 2023 年 6 月 2 日「生成 AI サービスの利用に関する注意喚起等」[4]
b) 2023 年 8 月 21 日「生成 AI サービスの利用に関する注意喚起」[5]

これらの文書では、事業者があらかじめ本人の同意を得ることなく生成 AI サービスに個人データを含むプロンプトを入力し、当該

---

3 https://www.ppc.go.jp/all_faq_index/faq1-q7-53/
4 https://www.ppc.go.jp/news/careful_information/230602_AI_utilize_alert/
5 https://www.ppc.go.jp/files/pdf/generativeAI_notice_leaflet2023.pdf

個人データが当該プロンプトに対する応答結果の出力以外の目的で取り扱われる場合(典型例として、AI の学習データとして利用される場合)、事業者は個人情報保護法の規定に違反することとなる点につき、注意喚起をしています。

　文書 a および b の記載を反対解釈することにより、入力した情報について学習データとしての利用や監視を制限できる生成 AI サービスを利用する場合には、個人データの第三者提供規制は適用されないとする意見もあります。他方で、実際の生成 AI サービスの中には、入力したデータに対して編集・分析等の処理を行うものや、不正監視のために一定期間保存してアクセス可能にしているものもあり、そのような安易な反対解釈によって「第三者提供には該当しない」と整理するのは注意を要するという意見もあります。

　2024 年 1 月時点ではこの論点については結論が出ておらず、生成 AI を適切に利活用できるようにするためにも、今後の議論の成熟が待たれるところです。

Point

- パーソナルデータの取扱いに関する規制は、近年ますます厳しくなっている
- 規制の内容と強弱を正確に理解するために、容易照合性や提供元基準を踏まえた個人情報の範囲はもちろん、匿名加工情報・仮名加工情報・個人関連情報の定義についても理解が必要
- ユーザー端末から外部に情報を送信させる仕組みを導入する場合、あわせて事前に通知・公表する
- ユーザーのパーソナルデータを第三者に提供する場合は、プライバシーポリシーで一律に同意を取得しようとするのではなく、対象データごとに個別に同意をとって利用する

10

CtoCサービスにおけるプラットフォーム運営者の落とし穴（決済サービスについての注意点）

■ CtoCサービスにおける問題点

　CtoC サービスにおいて、プラットフォームを運営する会社は、一般的にユーザー同士のお金の受け渡しの場を提供することとなります。

　ユーザー同士が安心して取引をすることができるように、商品やサービスの提供が確認されてから、出品者やサービス提供者が利用者が払い込んだお金を引き出せるような仕組みをとっているプラットフォームも多く、また、プラットフォーム側としてもプラットフォームの利用料をそこから差し引くことができるので、プラットフォームがお金の受け渡しをする場を提供することは、多くの CtoC サービスの根幹をなすものとなっています。

　しかしながら、この機能については、理論上はいわゆる個人間送金などについて規制する資金決済法上の資金移動業の登録が必要となるのではないかという問題があります。

　仮に資金移動業の登録が必要となると、財政的基礎、体制の整備、利用者から預かった資金と同額以上の額を供託等によって保全する義務が求められるため、個人事業主やスタートアップにとっては、かなりハードルが高いものとなります。

　また、一定金額以上の取引については、犯罪収益移転防止法に基づく本人確認義務も発生するため、ユーザーがサービスを利用するにあたってのハードルも高くなります。

資金決済法上の資金移動業の規制対象となるか否かについては、この
スキームが資金移動業で規制対象とする「為替取引」に該当するか否かが
ポイントになります。

■ 為替取引の定義と運営者の対応

　「為替取引」の意味については、最高裁の決定[1]において、「『為替取引を
行うこと』とは、顧客から、遠隔者間で直接現金を輸送せずに資金を移
動する仕組みを利用して資金を移動することを内容とする依頼を受けて、
これを引き受けること、又はこれを引き受けて遂行することをいう」と
されています。

　この定義からすれば、ユーザーから、遠隔地にいる出品者やサービス
提供者に対して、資金を移動する仕組みを提供するプラットフォームの
運営者は、「為替取引」を行っているようにもみえます。

　ただ、上記の「為替取引」の定義の範囲があまりに広く、文言通りに当
てはめると不都合が生じてしまうこともあり、コンビニにおける収納代
行など、単なる資金移動の委託を受けて行っているのではなく、具体的
な取引が別途あって、それに基づき代金受領権限を付与された者が代金
の支払いを受領することにより、その具体的な取引の代金支払債務が消
滅するようなケースは為替取引にはあたらないと一般的に整理されてい
ます。

　そこで、プラットフォームを運営する会社が一度代金をもらうケース
においても、できるだけ資金移動業に該当する可能性を低くするために、
別途具体的な取引があることを前提に、

① 少額の金銭を受け取っているにすぎず、また、その金銭は

② プラットフォームの運営者が①の代金の受領をした後に、即時に出品
　者やサービス運営者によって引き出すことも可能であり、かつ、

③ 出品者やサービス提供者から代金受領権限を付与されたうえで代金

---

1 最高裁判所第三小法廷 決定 刑集 第 55 巻 2 号 97 頁

を受領している

という法的構成を利用し、それを利用規約に明記する対応をとることがよいのではと考えます。なお、ユーザーの利便性向上のために、プラットフォーム運営者が代金を受領する前に決済金額相当の引き出しを認めたいと考える事業者もいるかもしれませんが、このような引き出しは、プラットフォーム事業者が代金を代理受領しているという上記の考え方と矛盾するものであるため、避けることをおすすめします。

　このような対応をすれば、2024年1月時点では、資金移動業への該当性は、大きく問題視されていないようです。ただし、スタートアップが株式公開の準備をするにあたっては、上場審査段階で金融庁への事前照会を求められるケースも多いです。

　また、お金を預かったままの状態でプラットフォームを運営する会社が倒産してしまった場合は、出品者やサービス提供者は自分のお金を引き出せなくなってしまい、大変な騒動になることが予想されます。

　もし一度でもそのような問題が生じてしまうと、資金移動業の対象であることを明確にして、利用者から預かったお金を保全するべきだという方向に、資金移動業の解釈や運用が変更される可能性も否定できません。

　このような事態とならないようにするためにも、CtoC サービスの運営者には、利用者から預かっているお金を別の口座で管理するなどして流用しないような仕組みを構築したり、速やかな引き出しをすすめるなどの工夫が求められます。

■ 「投げ銭」システムは、「為替取引」にあたるのか

　次に、ライブ配信サービスにおいて、視聴者がパフォーマーに対してデジタルアイテムをおひねりのかわりに「投げる」ような、いわゆる「投げ銭」の仕組みは、「為替取引」にあたるとして、資金決済法上の規制対

象となるのでしょうか。この点、視聴者がパフォーマーに金銭を直接送金していると構成すると、まさしく「為替取引」として資金移動業の対象となるようにも見えます。しかしながら、資金決済法上の資金移動業としての登録が必要となると、本人確認などが必要となり、現実的ではありません。

　そこで、①プラットフォーム運営者が、視聴者に対してデジタルコンテンツの使用を許諾し、その対価を支払ってもらう契約を締結しつつ、②パフォーマーとプラットフォームの運営者の間では、パフォーマーのパフォーマンスにより得られた収益を分配するという契約を締結することにより対応するという運用がとられている場合があります。これにより、視聴者からパフォーマーへ直接送金するのではなく、視聴者が支払った使用許諾料に応じて、パフォーマーが収益の分配を受けるという整理が可能となりますが、①と②の契約が明確に分離しており、実質的な送金ではないと評価できるような契約の建付けとしておくことが重要です。

■ プラットフォーム運営者が決済サービスも提供する仕組み

　また、最近、CtoC サービスにおいては、購入者、販売者が固定されておらず、ある商品、サービスを販売したユーザーが、次は同じプラットフォーム上で別の商品の購入者になるようなことも多く発生しており、そのような場合、プラットフォームで預ったお金をプールしておいて、そのまま使えるようにしたいというニーズも生まれてきています。

　このようなケースでは、収納代行的な要素は低くなり、資金移動サービス的な要素がより強くなるため、資金移動業の対象となる可能性がより高くなると考えます。

　なお、「お金」のままプールするのではなく、一度、その「お金」を使って「ポイント」を購入してもらい、その「ポイント」を消費する形で別のサービスを購入してもらうという方法をとれば、それは資金移動業ではなく、2 章 04 で説明した「前払式支払手段」としての規制に服すること

になります。

　この「前払式支払手段」は、資金移動業と同じ資金決済法に基づく規制ではあるのですが、資金移動業ほどはハードルが高くありません。

　かといって、簡単というわけでもなく、特に CtoC サービスの運営者がポイントを発行してサービスに利用しようとする場合、プラットフォームの運営会社と出品者が異なることになるので、自らのサービスにポイントを利用することを想定した「自家型前払式支払手段」にあたらず、発行者以外の者に対しても使用できる前払式支払手段である「第三者型前払式支払手段」としての「登録」が必要となり、「届出」ですむ「自家型前払式支払手段」より手続きは厳格なものとなります。

　したがって、CtoC のプラットフォーム運営者が決済サービスも提供しようとする場合においては、1 つの取引についての少額なお金を短期間一時的に代理受領するだけの仕組みとしておくのが現実的ではないでしょうか。

　また、このような仕組みを提供しようとする際には、クレジットカードの決済代行会社と契約することが一般的ですが、当該決済代行会社の規約に違反していないか（自らが販売者となるわけではない取引にクレジットカード決済を使うことは想定されているのか）も確認したほうがよいでしょう。

　以上のとおり、CtoC サービスを運営する場合に決済サービスを提供することは、サービス運営上必須ともいえるものとなってきていますが、資金移動業に該当する可能性があることに留意して、サービスを設計してください。

　スタートアップでは、CtoC プラットフォーム上で商品・サービスを販売したユーザーが、その対価として受領したお金をプラットフォーム上にプールして購入にも使えるような決済サービスを提供することはハードルが高く、少額なお金を短期間一時的に代理受領するだけの仕組みとしておくのが現実的なところかもしれません。

Point

● CtoCサービスの運営者が決済サービスも提供する場合、資金移動業に該当しないか注意する

● スタートアップでは、お金をプールして購入にも使えるような決済サービスを提供することは、ハードルが高い

11

課金サービスでは「契約関係」
の整理・把握が不可欠

■ だれに対して、どのようなウェブサービスを
提供しなければならないのか

ひと口に「ウェブサービス」といっても、その内容は多種多様です。た
とえば「ウェブ上での売買」という単純なテーマ1つをとっても、

・自分がユーザーに対して直接販売する（ウェブストア）
・事業者に対し、ユーザーに販売を行うための場を提供する（バーチャル
モール）
・ユーザーに対し、別のユーザーに販売を行うための場を提供する（フリマ
アプリ）
・売買にあたって必要になる決済、送金サービス、在庫管理、物流サービス
などのバックヤードを支援するサービスを提供する（フルフィルメントサー
ビス）

といった具合に、さまざまなサービスが存在しうるのです。
このサービスの内容、つまり、「自分たちはだれに対して何をしなけ
ればならないのか」がぶれてしまうと、サービス全体の構造が揺らぐこ
とにつながります。そのため、最初にしっかりと考え方を固めておく必
要があります。
「そんなの、あたりまえだよ」と思うかもしれません。しかし、

「自社の責任を限定しよう」
「法規制の適用を回避しよう」
「外部の提携事業者(プラットフォーマーや決済事業者など)の禁止事項
に該当しないようにしよう」

と工夫や微調整を繰り返しているうちに、いつの間にか自分たちが提供
すべきウェブサービスの内容が当初の想定から大きくずれてしまうこと
は、実は案外多いのです。

■ だれからお金を支払ってもらうのか

　ビジネスとしてウェブサービスを運営する以上、だれかからお金を支
払ってもらう必要があります。しかし、「とりあえず始めてみよう」でサー
ビスを提供し始めてしまうと、「サービスがある程度成功したにもかか
わらず、広告以外はマネタイズの道が見つからない」という不幸な状況
に陥ってしまうことがあります。
　こうなってしまうと、

広告だけではサービスを維持できるだけの収益は得られない

**新機能を開発せずにユーザーから課金しようとすると、今まで無料で提供
していた機能を有料化しなければならず、ユーザーの離反を招いてしまう**

といっても有料で提供するに値する新機能を開発するための資金はない

という袋小路に迷い込むことになり、せっかく育てたサービスがお荷物
になってしまう可能性すらあります。
　そうならないよう、「自分たちはだれからお金を支払ってもらうのか」
についてのイメージは、サービスのリリース前にしっかりと固めておく

ようにしてください。

■ 契約関係を図に落としてみると

「だれに対して、どのようなウェブサービスを提供するのか」
「だれからお金を支払ってもらうのか」

が決まったら、契約関係を図にまとめてみましょう。「契約関係」と言う
と難しそうに聞こえますが、要は「だれが、だれに対して、何を提供す
るのか」というだけのことです。
　たとえば、最近 CtoC サービスといわれる、消費者間のサービスのや
りとりにウェブサービス事業者が「場」を提供するサービスがさかんです。
いわゆるクラウドソーシングのサービスや、フリマアプリ、AirBnB 等
の民泊仲介サービスも、これに該当します。
　ここで、ユーザー同士が商品・サービスの売り買いを行う「場」を提供
するサービスを想定して、契約関係を図に表しながら契約関係を整理す
ると、図 2-12 のような 2 パターンが考えられることがわかります。

■ **図2-12｜契約関係の2つのパターン**

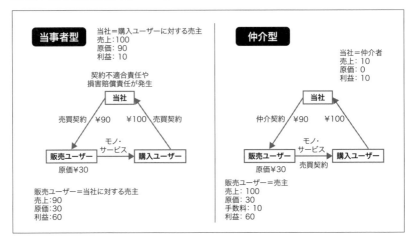

- **当事者型**

「購入ユーザー」に対しては、あくまでウェブサービス事業者がサービス提供についての義務を一次的に負担するものの、実際のサービス提供は「販売ユーザー」に下請けに出すパターン

- **仲介型**

「購入ユーザー」に対しては「販売ユーザー」が直接サービス提供義務を負い、ウェブサービス事業者はマッチングや決済などの周辺仲介サービスを担うパターン

　この2つの契約関係は、「サービス提供自体についてウェブサービス事業者が直接の責任を負うのか・負わないのか」という点で大きく異なります。

　具体的には、当事者型であれば、販売ユーザーがいなくなってしまった場合や、販売ユーザーの提供した商品・サービスの内容に問題があった場合に、サービス事業者が代わりの商品・サービスを提供したり、取引から生じた損害を賠償する義務を負うことが原則となります。

　これについては、利用規約である程度責任を限定する余地もあります。ただし、消費者契約法による規制もあって、完全に排除することは難しいでしょう（2章15参照）。

　他方で、仲介型では、そのようなリスクは原則ありません。しかし、仲介行為自体について規制される法律（宅建業法、職業安定法など）に配慮する必要や、その「場」で商品・サービスの販売行為を行う販売ユーザーが、自らに適用される法律を遵守して、違法な行為を行わないよう配慮する必要が生じます。

　また、決済手段を提供する場合は、販売ユーザーのために一次的にお金を預かることになるため、資金決済法の「資金移動業者」の規制に抵触するかについても検討する必要があります（2章10参照）。

　このように、契約関係を図で整理することで、利用規約でカバーすべき事柄が浮かび上がってきます。

なお、この契約関係の違いは、以下の2点にも表れます。

・売上の計上

「ユーザーがサービス提供の対価として支払った金額」なのか（当事者型）、システム利用料や成約手数料に限られるのか（仲介型）によって、ウェブサービス事業者が売上として計上すべき金額が変わります。

・いざユーザーがサービス提供の対価を支払ってくれなかった場合に、だれが督促して回収ができるのか

他人の債権を回収することは、弁護士法で原則として禁止されています（弁護士法第73条）。そのため、仲介型の場合は、ユーザーに対してサービス提供利用料の債権を直接有していない以上、ユーザーが対価を支払ってくれなかった場合の督促が難しくなります。

特に、「CtoCサービスは『場』を提供するだけで、ウェブサービス事業者は責任を負わないと利用規約に規定しておけば大丈夫」などと思っていると、思わぬ落とし穴があります。図を書きながら、利用規約に定めるべき「権利」と「義務」を明確にしておきましょう。

Point

- サービスの内容（だれに対して、何をしなければならないのか）がぶれないように注意
- サービスを開始する前に、「だれからお金を支払ってもらうのか」を決めておく
- 契約関係を図にすると、利用規約で配慮すべき点が浮き出てくることがある

12

人の肖像や氏名は勝手に
使えない
〜パブリシティ権と肖像権

■ 有名人の顧客を呼ぶ力は、パブリシティ権で
　保護されている

　芸能人やスポーツ選手などのファンがつくような著名人には、商品や
サービスの販売を促進する力があります。例えば、何の変哲もないタオ
ルであっても、人気のあるアイドルの名前がプリントされているものは
ファンが買うグッズに早変わりしますし、有名な野球選手が使っている
グローブやバットは、選手の名前を冠した「●●モデル」として売り出し
た方が、そのまま販売するよりも売れ行きは良くなるものです。このよ
うな、著名人が持つ商品の販売を促進する力を顧客吸引力といい、その
顧客吸引力を、排他的に利用する権利が、パブリシティ権です。

　パブリシティ権は法律に明記されている権利ではないのですが、2012
年に最高裁判所の判例[1]により、人の氏名、肖像等を無断で使用する行為
に対して不法行為（民法第709条）を主張できる権利として、その存在が
認められました。

　2章Prologueに登場した起業家は、「有名人のAIが出てきたら、結構
人気が出るんじゃないかなぁ」と目論んでいますが、まさにこれが顧客
吸引力の正体であり、パブリシティ権による保護の対象なのです。

　パブリシティ権は、著名人が自己の氏名や肖像を排他的に利用できる
権利ではなく、著名人の氏名や肖像が持つ顧客吸引力を排他的に利用す
る権利です。そのため、単に著名人の氏名を文章内に記載したり、顔写

---

1 最判平成24年2月2日民集66巻2号89頁

真をウェブサイトに掲載しただけで、そのすべてがパブリシティ権侵害になるわけではありません。もし、そのような主張が通るのであれば、著名人について論評したり、ファン活動を行ったりすることが一切できなくなってしまうので、当然といえば当然です。

　では、どのようなケースでパブリシティ権侵害になるかというと、前述の判例では、もっぱら著名人の氏名や肖像が持つ顧客吸引力の利用を目的としている場合にパブリシティ権の侵害となるとし、具体的なパターンとして、以下の3つを例示しています。

1. 氏名や肖像それ自体を独立して鑑賞の対象となる商品等として使用するパターン（ステッカー・写真集・フィギュアの販売など）
2. 商品等の差別化を図る目的で氏名や肖像を商品等に付すパターン（写真や氏名入りのグッズの販売など）
3. 氏名や肖像を商品等の広告として使用するパターン（広告バナーへの写真の掲載など）

　パブリシティ権は、かつてはいわゆる芸能人やプロスポーツ選手などのごく限られた職業について考慮すれば足りる権利でしたが、SNSや動画配信が普及した昨今では、普通の会社員や学生であっても、インフルエンサーとして、たくさんのファンを抱え、大きな顧客吸引力を有しています。これまであまり論じられることはありませんでしたが、このような新しい有名人にも、パブリシティ権は発生していると考えられます。例えば、有名なインフルエンサーが自社の運営するウェブサービスを利用し始めたことをSNSの投稿で知った場合には、その投稿を使って「●●氏も利用しているサービス」といった形で宣伝に利用したくなるかもしれませんが、そのような宣伝手法は、上記のパターン3に該当し、無断で実施してしまうとパブリシティ権侵害に該当する可能性があります。

　また、2章Prologueに登場した起業家が検討していた「有名人のAI

でユーザーを獲得する」という狙いは、打ち出し方によってはパターン1に該当する可能性があることから、弁護士から釘をさされています。

■ 死者のパブリシティ権にも配慮が必要

　ところで、既に死去している著名人のパブリシティ権はどのように考えればよいでしょうか。実は、この点については明確な結論は出ていない状況です。前述の判例では、パブリシティ権は人格権（人が人間らしく生きていくために保護されるべき権利）に由来するものとしており、一般に、人格権は、その性質上相続の対象にはならず、本人の死亡とともに消滅するものです。このことからすると、パブリシティ権も、本人の死亡と同時に消滅すると考えるのが自然ではあります。しかし、著名人の顧客吸引力は、著名人本人が死去してもすぐに消え去るものではないことに鑑みると、死亡と同時にパブリシティ権が消滅するという処理には違和感があることから、死後も存続させるべきではないかとの提言もされています。このように状況は流動的ですので、今後新たな判例や立法によって取り扱いが確定するまでは、例えば、亡くなった歌手のAIアバターを作成して歌唱させるなどの方法で、既に死亡している方の顧客吸引力を利用する場合には、遺族や生前に所属していた組織（芸能事務所等）等から許諾を取り、顧客吸引力の無断利用にならないように手当をした方が安全です。また、利用方法としても、死者を冒涜することに対する嫌悪感は非常に強いので、遺族等の許諾の有無に関わらず、対象となった著名人が生きていた場合に、その著名人からクレームを受けるような方法で利用しないようにするといった配慮も重要です。

■ 一般人にはパブリシティ権は発生しないが 　肖像権のケアは必要

　パブリシティ権は著名人の顧客吸引力を保護する権利なので、顧客吸

引力を有していない一般人にはパブリシティ権は発生しません。しかし、だからといって、一般人であれば、その肖像を自由に利用することができるというわけではありません。

　人は、みだりに自己の容ぼうや姿態を撮影されず、また自己の容ぼう等を撮影された写真をみだりに公表されない人格的利益を有することは判例でも認められており、この人格的利益を保護する権利は肖像権と呼ばれています。そのため、知名度が全くない一般人の写真であっても、肖像権侵害になるような方法で利用することはできないのです。

　では、具体的にどのような利用が肖像権侵害になるかについては、前述の判例は、以下の要素などを総合考慮して、被撮影者の人格的利益の侵害が社会生活上受忍の限度を超えるものといえるかどうかで判断するとしています。

・被撮影者の社会的地位
・撮影された被撮影者の活動内容
・撮影の場所
・撮影の目的
・撮影の態様
・撮影の必要性

　要は、上記のような様々な要素を総合的に考えて「そのくらいは我慢すべきだよね／しょうがないよね」といえるか、ということです。

　例えば、研究資料用として撮影させてもらった被験者の顔写真を、滑稽な言動をする AI のアバターの顔に転用して公開してしまうようなことは、肖像権侵害になる可能性は高いでしょう。逆に、政治家が公の場で演説している姿を撮影した写真を、当該政治家の演説技法を解説をするために掲載することが肖像権侵害になる可能性は低いと考えられます。また、実務上相談を受けることが多い映り込みについては、駅前などの公開されている場所の写真において、風景の一部として小さく映り込ん

2 最判平成 17 年 11 月 10 日民集 59 巻 9 号 2428 頁

でしまっている肖像については、肖像権侵害には該当しないことがほとんどです。ですが、映り込んでしまった方からクレームを受けると、その対応に工数を取られてしまうことから、肖像権侵害にはならない映り込み写真であっても、写真全体が不自然にならない程度にぼかしを入れることでトラブルを避けるといった対応が取られていることも少なくありません。

　また、広告素材として、実際のユーザーの写真を利用したいといったケースでは、ユーザーの顔がしっかり見えることが必要となることも多く、それを無断で行えば、結果として「社会生活上受忍の限度を超える」ような利用とならざるを得ません。そこで、このような場合には、対象のユーザーに個別に可否の確認を行い、明確な同意を得られた場合にのみ利用するといった対応が必要になります。

　上記のようにウェブサービス事業者が肖像を公開する場合には、ウェブサービス事業者が肖像権侵害をしないように気をつけることでトラブルを避けることができるのですが、ユーザーから写真の投稿を受け付け、その写真を表示するサービスを運営している場合にはそういうわけにもいきません。そのようなサービスを提供する場合には、ユーザーに肖像権侵害を禁止事項として明記するとともに、問題ありとウェブサービス事業者が判断した投稿はスムーズに削除できるようにしておくことをおすすめします（利用規約のひな形第7条（禁止事項）第4号、第10条（登録抹消等）第1項参照）。

Point

- 著名人の顧客吸引力はパブリシティ権によって保護されており、もっぱら氏名や肖像が持つ顧客吸引力を利用することを目的として著名人の氏名や肖像を他人が利用することはできない

- 死者にもパブリシティ権が残るかは明確でないが、氏名や肖像を円滑に利用するために許諾を受けた方が安全

- 一般人の肖像は肖像権で保護されているが、受忍限度を超えない範囲であれば肖像権侵害にはならない。受忍限度を超えるような利用が必要なケースでは、個別に許諾を取る

13

「権利侵害コンテンツ」には
どう対応するか

■ 「ユーザーが勝手にやったこと」ではすまされない

ウェブサービスがユーザーからの投稿を受け付ける機能を持つ場合、程度の差こそあれ、以下のような権利侵害が発生してしまうことは避けられません。

- ・ユーザーが著作権を持っておらず、権利者からライセンスも受けていないコンテンツを投稿する（著作権侵害）
- ・ほかのユーザーや第三者を誹謗中傷する書き込みをする（名誉毀損）

このような場合、第三者の権利を侵害したユーザーが責任を負うのは当然ですが、対応方法をまちがえてしまうと、ウェブサービス事業者まで権利侵害に関する責任を問われる可能性があるという点には十分注意しなければなりません。

この点について、ウェブサービスは、あくまで投稿を受け付けるプラットフォームに過ぎないのだから、利用規約で権利侵害行為を禁止する条項を設定して、

「すべてはユーザーが規約に違反してやったことであり、自分たちはそのような著作権侵害行為は認めていません」

と反論すれば、ウェブサービス事業者は責任を免れられるのではないかと思うかもしれません。しかし、実際には、利用規約で禁止するだけでは、ウェブサービス事業者が権利侵害行為に関する責任を完全に免れることはできないのです。

　この点について、ウェブサービス事業者等が免責を受けられる条件を定めている法律が「特定電気通信役務提供者の損害賠償責任の制限及び発信者情報の開示に関する法律（通称「プロバイダ責任制限法」）」です。このプロバイダ責任制限法によれば、ウェブサービス事業者が

・**権利侵害情報の送信を止めることが技術的に可能であり、かつ**
・**他人の権利が侵害されていることを知っていた（または知ることができたと認めるに足りる相当の理由があった）**

ときは、利用者の投稿による権利侵害についても損害賠償義務を負う場合があります（第3条第1項参照）。つまり、被害者から「あなたが運営するウェブサービス上の●●という投稿で、私の著作権が侵害されています。」といった申告を受けた場合、ウェブサービス事業者としては、投稿情報を削除することが可能であり、申告によって権利侵害が行われていることを認識したことになるため、申告を放置してしまうとウェブサービス事業者自身が損害賠償義務を負うことになりかねないのです。

　他方で、権利侵害の申告が嫌がらせ目的での虚偽申告であったり、勘違い等による申告であることもありえます。しかし、申告を受け付けた時点では、申告が虚偽または勘違いによるものか、正当なものかを正確に判断することは簡単ではありません。それにもかかわらず、このような場合に虚偽の申告に基づいて削除等の対応をしたウェブサービス事業者等が間違った削除を行ったことについて責任を負うとなると、上記の「権利侵害情報を流通させてはならない」という責任と、「不要な削除をしてはならない」という責任の板挟みになってしまいます。そこで、プロバイダ責任制限法は、ウェブサービス事業者等が権利侵害の発生を信

じるに足りる相当の理由がある場合において、以下の手続きをとったうえで削除等の送信防止措置をとった場合には、それが虚偽の申告によるものであった場合でもウェブサービス事業者等は送信防止措置に起因する損害賠償責任を負わない旨を定めています（第3条第2項）。

・ウェブサービス事業者による送信防止措置が、必要な限度において行われたものであって、かつ
・他人の権利が侵害されていると信じるに足る相当の理由があったとき、または、被害者からの送信防止措置請求があったことを発信者に照会して7日が経過しても不同意の申し出がなかったとき

　なお、プロバイダ責任制限法に基づく対処の手続きは、ウェブサービス事業者にとって、決してわかりやすいと言えるものではなく、また自社判断で削除等を行うことを正当化することに使えないという不便さもあります。そのため、利用規約において、

「ウェブサービス事業者が不適切な投稿であると判断した場合は、投稿情報の削除が可能である」

という旨を規定し、プロバイダ責任制限法の規定以上に柔軟に対応できるようにしておくのが一般的です。
　もっとも、利用規約において投稿情報の削除を可能にし、損害賠償責任を免れるようにケアしていたとしても、虚偽の申告に基づいて投稿を削除してしまった場合、ユーザーからの信頼を失うことは避けられません。
　そのため、申告を受けた際に、利用規約の文言に基づいてすぐに削除等の対応をとるのではなく、申告の内容や申告対象の投稿を吟味するとともに、申告に基づいてコンテンツを削除する場合も、誤申告であったことが判明した際には、すぐに元に戻せる方法で対応することをおすすめします。

■「発信者情報開示請求書」を受け取ったら、どのように対応すべきか

ユーザーが権利侵害コンテンツを投稿している場合、被害者から「発信者情報開示請求書」という書面が、ウェブサービス事業者宛に届くことがあります。これは、上記のプロバイダ責任制限法に基づいて、権利侵害コンテンツの発信者の情報を開示することを求める法的な書面です。

この書面を受け取った場合、ウェブサービス事業者は、請求者の本人確認をした上で発信者にコンタクトし、開示に応じるかについて意見を聞かなければなりません。この意見聴取は法令上の義務なので（第6条第1項）、請求を放置することのないように注意してください。ウェブサービス事業者が開示を請求された情報を保有していない場合や、発信者を特定できず、発信者にコンタクトができない場合は、請求者に対しその旨を回答することで対応は完了します。また、発信者が情報の開示に同意した場合にも、同意に基づいて情報を開示することで対応は完了します。

では、ウェブサービス事業者が開示を請求された情報を保有している場合に、発信者から開示に応じない旨の回答があったときや、発信者からなんの回答も得られなかったときはどのように対処すればよいでしょうか。

まず認識しておかなければならないこととして、発信者情報は発信者のプライバシー情報でもあるので、法律上開示する必要がない場面で開示に応じてしまうと、ウェブサービス事業者が「情報漏洩」の責任を追及されかねないということです。

そこで、プロバイダ責任制限法は、開示請求を受けたウェブサービス事業者は、開示請求に応じないことにより生じた損害については、故意又は重過失がなければ責任を負わないという免責規定を設けることにより、開示請求を受けたウェブサービス事業者が情報漏洩と開示請求対応の板挟みにならないようにバランスを取っています（第6条第4項）。

そして、「開示請求に応じないことについて故意・重過失なし」と言えるために実務的に重要なのは、権利侵害の明白性です。権利が侵害されたことが明白でなければ、プロバイダ責任制限法の開示請求の要件を満たしていないことになり、対応する必要がなくなるからです（第5条第1項第1号）。どのような場合に権利侵害が明白であるといえるかを判断するに際しては、一般社団法人テレコムサービス協会の「プロバイダ責任制限法発信者情報開示関係ガイドライン[1]」や、一般社団法人セーファーインターネット協会の「権利侵害明白性ガイドライン[2]」が参考になりますが、検討に際しては法的な知識が必要になるため、自己判断はせず、可能な限り弁護士などの専門家に相談することをおすすめします。なお、間違った判断に基づいて開示請求に応じてしまった場合には取り返しがつかないことに加え、「故意・重過失」が認められるハードルは高いことから、発信者が開示に同意しない場合に、ウェブサービス事業者の判断で発信者情報が開示されるケースは多くないのが実情です。

　上記のような判断を経て、ウェブサービス事業者が発信者情報を開示しないことを決定し、その旨を回答した場合、開示請求者は、次の一手として裁判所に対して発信者情報の開示命令を出すことを申し立てる場合があります。こうなると、その後は裁判所での手続きが始まることになるので、速やかに弁護士に依頼するようにしましょう。

　なお、発信者情報の開示請求への対応については、一般社団法人テレコムサービス協会がプロバイダ責任制限法関連情報Webサイトにおいて、前述したガイドラインや意見照会書の書式などの有用な情報を公表しているので、参考になります[3]。

1　プロバイダ責任制限法発信者情報開示関係ガイドライン（一般社団法人テレコムサービス協会）
　　https://www.isplaw.jp/vc-files/isplaw/provider_hguideline_20220831.pdf
2　権利侵害明白性ガイドライン（一般社団法人セーファーインターネット協会）
　　https://www.saferinternet.or.jp/wordpress/wp-content/uploads/infringe_guidenline_v0.pdf
3　プロバイダ責任制限法関連情報Webサイト
　　https://www.isplaw.jp/

■ 非訟手続により裁判所から開示命令・提供命令を受けた場合の対応

　これまでの発信者情報開示請求の手続きには、被害者にとって不便な点がありました。それは、被害者が特定したいのは「インターネット上に自分の権利を侵害するコンテンツを投稿した人物」であるわけですが、これを特定するためには、そのコンテンツを掲載するウェブサービス事業者から開示される IP アドレス・タイムスタンプをもとに、別途アクセスプロバイダに対して当該人物の氏名や住所等の開示を請求するという、2 段階のステップを踏まなければならなかったという点です。しかも、アクセスプロバイダはログ（通信履歴）を通常 3 ヶ月程度しか保存していませんので、手続きが長期化すれば当該人物が特定できなくなるおそれもありました。そこで、2022 年の法改正で追加されたのが、裁判所が介入することでこれまでの 2 段階ステップを 1 つにまとめる「非訟手続」です。

■ 図2-13 ｜ 非訟手続の流れ

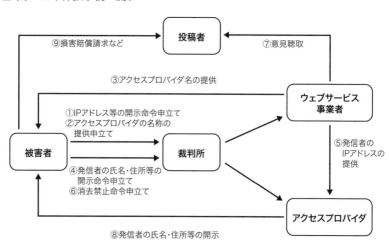

被害者が非訟手続により裁判所に申立てをし、これが認められると、権利侵害コンテンツを送信するウェブサービス事業者に対し、IPアドレス等の開示命令に加えて、アクセスプロバイダの名称の提供命令がなされます。この命令を受けたウェブサービス事業者は、自らの保有するIPアドレス等により、アクセスプロバイダの特定作業を行った上で、申立人（被害者）とアクセスプロバイダそれぞれに対し、以下の対応を行う必要があります（第15条第1項）。

・申立人に対し、アクセスプロバイダを特定できた場合にはその名称・住所を提供し、特定できなかった場合（または特定に必要な発信者情報を保有していなかった場合）には、その旨を通知する
・アクセスプロバイダに対し、発信者のIPアドレス等を提供する

　なお、ウェブサービス事業者によるアクセスプロバイダの特定の具体的方法について、法令上明確に定められていないものの、実務対応として、whois（フーイズ）検索によって得た情報をもとに会社ホームページや登記情報などを確認する方法が採用されています。
　裁判所は、ウェブサービス事業者に対する開示命令・提供命令と並行して、アクセスプロバイダに対して発信者情報の開示命令を行います。これらが裁判所によって一体的に行われることで、迅速な解決が図られるようになることが期待されています。

Point

● ユーザーに著作権の侵害を禁止するだけでは、ウェブサービス事業者は権利侵害コンテンツに関する責任を免れることができない

● 発信者情報開示請求書は無視してはいけないが、気軽に応じるのも危険

● 実務対応を円滑に行うために、利用規約にウェブサービス事業者としての削除権限などを規定しておくとよい

14

禁止事項とペナルティの考え方
～最も登板機会の多い
「エース」

■ ユーザー対応の工数削減のためにも禁止事項は有用

　ユーザー数が増えてくると、一部のユーザーがウェブサービスの運営に悪影響を与える行動をとることも増えてきます。多くのウェブサービスは、多数のユーザーに対して同じサービスを提供することで広く薄く収益を上げる構造になっているため、このようなユーザーの行動を、労力をかけずにコントロールできるかは、サービスの収益に直結する非常に重要な要素です。そして、利用規約において「禁止事項」を適切に設定できていると、ウェブサービス事業者にとって好ましくないユーザーの行動を、あまり労力をかけずに排除したり是正することが可能になります。その意味で、禁止事項は、利用規約に定められているさまざまな条件の中でも実務上最も重要な規定の1つといえます。

　たとえば、成約手数料で収益を上げることを予定しているフリマサービスを提供する場合を想定してみましょう。もしも、出品者と購入者が、フリマサービスが用意している取引システムを利用せず、メッセージング機能などを利用してサービス外で直接取引をしてしまったら、成約手数料を得られなくなってしまい、事業を継続することができなくなってしまいます。しかし、サービス外に誘導し、直接取引を行うことは、ウェブサービス事業者の収益に明らかに悪影響を及ぼすものの、違法行為ではないので、「出品者と購入者がアプリ外で直接取引すること」を利用規約で禁止していない場合、ウェブサービス事業者がこのような行為を咎

めることは難しいのです。

　また、ユーザーの行為が違法な場合であっても、法律の専門家ではないユーザーに、これまた法律の専門家ではないカスタマー対応をする部署がユーザーの行為の違法性について正確に、かつユーザーが理解できるように説明するのは簡単ではありませんし、場合によってはユーザーから反論を受け、対応工数が増大してしまうおそれもあります。このような場合であっても、利用規約に具体的な行為を禁止事項として明記していれば、法律論に立ち入ることなく、ユーザーに「利用規約で禁止されている行為はおやめください」とシンプルに要求することができるようになります。禁止事項の定めは法律の定めよりも明確なこともあり、このような要求を受けたユーザーは、すんなり引き下がってくれることが多いこともポイントです。

■ できるだけ項目の網羅性を高めておく

　なお、禁止事項は網羅的であればあるほど、有用性が高まります。たとえば、上記のサービス外取引の例で言えば、実際にサービス外で出品者と購入者が取引を行ったかを調査することは非常に困難です。しかし、「サービス外で直接取引することを勧誘すること」を禁止事項に定めていれば、メッセージング機能上での勧誘を捕捉するだけで禁止事項に抵触していることが明らかになります（なお、事前にメッセージの内容を閲覧する旨の同意を取得するなど、電気通信事業法によって保護される通信の秘密を侵害しないようご注意ください）。また、ユーザーの知恵は無限大であり、成約手数料を免れる手段はサービス外取引に限られませんので、「成約手数料を免れようとする行為」「当社の事業または本サービスに悪影響を及ぼす行為」といった包括的な規定を盛り込むことで、具体的な禁止事項からこぼれてしまったときに対応できるようにしておくことや、未遂の状態でも咎めることができるように、「●●のおそれのある行為」を禁止事項として定めておくことも重要です。

このような工夫を凝らしていくと、禁止事項に列挙した項目間で重複が発生してしまい、特にエンジニアの方は据わりの悪さを感じるかもしれません。しかし、禁止事項においては、重複のない精緻さよりも、ユーザーにドンピシャの禁止行為を示せることの方が有用です。そのため、ある程度は項目間の重複を許容しつつ、ユーザーの具体的な行為に近い内容を網羅的に定めることをおすすめします。

■「当社がNGと判断した場合」を禁止事項に 盛り込むことの是非

　利用規約の禁止事項には、「その他当社（ウェブサービス事業者）が不適切と判断した場合」という趣旨の包括的な項目が盛り込まれていることがあります。この項目は「バスケット条項」と呼ばれており、具体的に定めた禁止事項には該当しない不適切行為を禁止する根拠として実務において広く用いられています。

　前述のとおり、禁止事項は具体的に定めておいたほうがユーザー対応の工数を減縮しやすくなりますが、同時に、禁止事項の具体性が高まれば高まるほど、穴ができやすくもなってしまうため、バスケット条項で穴をまとめて塞いでおくのです。

　しかし、「当社がNGと判断したら、どんな行為でも禁止事項に該当する」といった、事業者ウェブサービスが自由に適用できるようなバスケット条項は、

「義務の特定が不十分である」
「ユーザーに過度に不利益である」

ことを理由に、消費者契約法などに基づいてその効果を否定されてしまう可能性があります。そこで、「合理的な根拠に基づき」や「合理的に判断した場合」といった文言でウェブサービス事業者が恣意的に運用するものではないことを明示するとともに、随時見直しを行って具体的な禁

止事項を充実させること、実務においても安易にバスケット条項に頼ったユーザー対応をしないようにすることも重要です。

■ 「ちょうどいいペナルティ」は3段階で考える

禁止事項に列挙すべき項目を精査し、拡充していくことは非常に重要ですが、単に禁止するだけではユーザーに無視された場合に効果的な対応をとることが難しくなるという問題が残ります。そこで登場するのが、禁止事項に違反した際のペナルティです。

もしペナルティを定めていないと、どうなるでしょうか。ペナルティの定めがないケースでも、ユーザーが禁止事項に違反した場合には、ウェブサービス事業者は民法に基づいて以下の2つの対応を取ることが可能です。

・**損害賠償請求**（民法第415条）
・**契約の解除**（民法第541条）

しかし、ウェブサービス事業者に重大な損害が生じたような例外的なケースを除けば、単発の禁止事項違反を理由に、ウェブサービス事業者がユーザーに損害賠償請求をするのは現実的ではありません。とかく、禁止事項に違反するユーザーは、熱心なサービスのファンであることも多いですし、BtoCのウェブサービスでは、ユーザーに対して損害賠償を請求すれば、被害者であるはずのウェブサービス事業者に対する非難が巻き起こってしまう危険もあります。また、もう1つの対応策である契約の解除も、実行すればユーザーが減少してしまう以上、サービスから排除する必要まではないような違反の対応には適さず、実務上は役に立たないことが少なくありません。

このように、法律に基づくペナルティは、ウェブサービスにおいては使い勝手が良いとは言えないため、禁止事項に違反した場合に「ちょう

どいいペナルティ」を課せるようにしておくことで、禁止事項の有用性がぐっと高まるのです。

なお、「ちょうどいいペナルティ」は、軽い順から以下の3段階をベースにして考えるのがおすすめです。

3段階のペナルティ

① 情報の削除・利用履歴の巻き戻し
② サービスの利用の一時停止
③ サービスの利用の永久停止（強制退会）

さらに、②の一時停止期間を細分化する（24時間停止・48時間停止・無期限停止といったレベル分けをする）などの工夫をすることで、ユーザーの納得度をより高めることができます。

また、特に無料サービスでは、別アカウントを取得して禁止行為が繰り返されてしまうことを防ぐために、「契約違反者による再登録の拒絶」も明記しておく必要があります。

Column

同業他社の禁止事項に学ぶ

ユーザーを捌ける利用規約かそうでないかは、禁止事項を一般論にとどめず、サービスの特性に応じて禁止すべき行為を具体的に書けるかがポイントになります。しかし、サービスの提供を開始する前に何を禁止事項として定めておくべきなのかイメージがつかないこともあると思います。

そのような場合は、類似サービスを提供している他社の利用規約の禁止事項を参考にするといいでしょう。他社が必要としている禁止事項は、自社でも必要になることが予想されるため、効率的かつ効果的に必要な禁止事項をピックアップすることができます。また、他社の利用規約の禁止事項は、単に利用規約を作成するときに有用なだけにとどまりません。「サービスを通じて、どのようなトラブルが発生しうるのか」を示唆してくれる資料でもあります。

ここでは、一例として、国内の転職支援サービスである「ビズリーチ」と「リクルートダイレクトスカウト」と「doda X」の利用規約の禁止事項の条項において、どのような事項が規定されているのかを比較してみました。

　下記の表のような形で、類似サービスを営む他社の利用規約をチェックすると、禁止事項に追加した方が良い事項や、ブラッシュアップのアイデアが見つかるかもしれません。

■ 表2-8 │ 大手転職サービスの禁止事項に記載される項目

分類	件名	ビズリーチ	リクルートダイレクトスカウト	doda X
法令等の違反行為	法令違反	○	○	○
	利用規約違反	○		
	公序良俗違反	○	○	○
他者への攻撃	権利侵害	○	○	○
	差別行為	○		
	誹謗中傷	○	○	○
	脅迫			○
	名誉・信用の毀損	○	○	○
	他者に不利益を与える行為		○	○
	求人企業に迷惑をかける行為		○	
虚偽・騙す行為	なりすまし	○	○	
	提携・協力関係を偽る行為	○		
	虚偽情報の投稿	○	○	○
	不正確な情報の提供			○
	他者の情報の登録		○	
	面接等の無断欠席			○

サービス提供の妨害	業務運営の妨害	○		○
	不正アクセス	○	○	
	システムに支障を生じさせる行為	○	○	
サービスの不適切利用	サービスを通じて知った情報の第三者提供・公開	○	○	○
	サービスを通じて知った情報の目的外利用	○		○
	出会い目的の行為	○		
	わいせつ行為	○		
	営利目的利用		○	
	金銭等の要求			○
	アカウントを複数作成する行為		○	
	利用料の徴収回避	○		
	求人企業への直接連絡等		○	
反社会的勢力との関係	反社会的勢力に属する行為・利益供与			○
包括的な禁止事項	事業者が別途禁止した行為	○	○	
	事業者が不適切と判断する行為	○		○

Point

- 禁止事項はできる限り網羅的かつ具体的に定める
- 法律に定められたペナルティは、ウェブサービスには使い勝手が良くない
- 利用規約に定めるペナルティの基本形は「3段階+再登録の禁止」

15

ウェブサービス事業者に
有利すぎる条件は危ない
〜免責と消費者保護

■ 「一切責任は負いません」は無効になる可能性あり

　多くのウェブサービスは、低コストで広くサービスを提供することによって収益を上げるビジネスモデルです。そのため、サービスの一時的な停止などのトラブルが発生するたびに損害賠償や返金を求められてしまうと、サービスが立ち行かなくなってしまうこともありえます。

　そのため、利用規約に以下のような条項を設け、損害賠償責任を制限することが一般的に行われていた時代がありました。

「本サービスに関して利用者に生じた損害については、事業者は一切責任を負いません。」

　しかし、BtoC のウェブサービスには「消費者契約法」という、消費者を保護することを目的とした法律が適用されるため、事業者の責任を全部免除しようとする免責規定は無効とされます。一方で、一定の要件を満たす場合における一部のみの免責であれば認められる余地も残されています。このことを定めた条文は以下のとおりで、少し複雑な規制ですが、ウェブサービス事業者は、この内容を理解して利用規約に免責条項を設けておくことが重要です。

① 事業者の損害賠償責任を全部免除する規定は無効（消費者契約法第8条第1項第1号・第3号）
② 事業者に故意または重過失がある場合には、責任の一部を免除する規定も無効（同法第8条第1項第2号・第4号）

　②の規制によって、「故意または重過失」がある場合には、責任を一部だけ免除する利用規約すらも無効という点は、事業者としては受け入れるしかありません。

　一方で、①の全部免除する規定を無効とする規制においては、「故意または重過失がある場合」の前提条件がない点がポイントです。つまり、故意または重過失に当たらない軽過失の場合に限って、責任を（全部ではなく）一部免除することは、消費者契約法によっても禁止されていないのです。

■ 図2-14 ｜ 責任の免除が可能な範囲は、故意・過失の程度によって異なる

	無過失	軽過失	重過失	故意
一部免除	利用規約に定めなくても責任なし	利用規約の定めにより免責可	消費者契約法第8条 第1項 第2号・4号により免責無効	消費者契約法第8条 第1項 第2号・4号により免責無効
全部免除	利用規約に定めなくても責任なし	消費者契約法第8条 第1項 第1号・3号により免責無効	消費者契約法第8条 第1項 第1号・3号により免責無効	消費者契約法第8条 第1項 第1号・3号により免責無効

・BtoCのウェブサービスでは、軽過失かつ一部免除の場合に限り、利用規約による免責が認められる
・ただし、重過失や故意の場合に免責を受けようとする規定を設けると、（全部免除はもちろん、一部免除でも）消費者契約法により無効となってしまう

ことは、必ず覚えておきましょう。

■ 事業者に都合良く解釈されそうな利用規約を無効に するサルベージ条項規制

　このような免責条項に対する規制があるにもかかわらず、利用規約の書き方に工夫を重ねることで、なんとかユーザーからの責任追及を免れようとする事業者は後を絶ちません。以下の文言はその一例です。[1]

> 「当社は、法律で許容される範囲において、ユーザー対し、あらゆる特別損害、間接損害、懲罰的賠償、派生的損害その他これらに準ずるもの（本契約に起因するまたは本契約に関するもの、逸失利益に関するもの、営業上の利益・損害に関するものなどに関連する一切の補償、返金および損害賠償を含みますが、これらに限られません）について、万一、当社がそれらの損害等について認識を持っていたとしても、一切責任を負わないものとする。」

> 「当社は、本サービスに関連して登録ユーザーが被った損害について、賠償の責任を負いません。なお、当社の損害賠償責任を免責する規定は、消費者契約法その他法令で認められる範囲でのみ、効力を有するものとします。」

　上記例のように、ある条項が本来は消費者契約法のような強行法規（当事者の意思に左右されずに強制的に適用される法令等の規定）に反し全部無効となる場合に、その条項の効力を強行法規によって無効とされない範囲に限定しようとする趣旨の条項のことを、サルベージ条項といいます。[2]沈没した船を引き上げる「サルベージ船」などでも使われる英語の

---

1 消費者庁「不当条項について（令和 3 年 3 月 9 日）」より一部抜粋
　https://www.caa.go.jp/policies/policy/consumer_system/meeting_materials/assets/consumer_system_cms101_210308_02.pdf
2 消費者庁「消費者契約法逐条解説（令和 5 年 9 月）」P144
　https://www.caa.go.jp/policies/policy/consumer_system/consumer_contract_act/annotations/assets/consumer_system_cms203_230915_13.pdf

"salvage"「救い出す／回収する／復旧させる」にちなんだ通称です。

　しかし、従来型の利用規約にはよく見られたこのサルベージ条項も、2022年に新たに設けられた規制により、無効とされるようになりました（消費者契約法第8条第3項）。

「なんだ、無効になるだけでペナルティがないなら、そういう法律知識を知らないユーザーもいるだろう。カスタマー対応をしやすくするために、ダメもとでも利用規約に書いておいた方がいいのでは？」

　こういった甘い考えを持つ事業者もまだ存在するかもしれませんが、それは大きな間違いのもとです。利用規約の責任限定条項がサルベージ条項と見なされると、その免責条項が丸ごと無効化されてしまい、消費者契約法が規制せずに認めている「軽過失による損害賠償責任の一部免除」までもが得られなくなってしまうからです。

　こうしたサルベージ規制が導入された以上、今後の免責規定の定め方は、

「当社に故意又は重過失がある場合を除き、●万円を上限として賠償します。」

のように、シンプルに当社に故意又は重過失がある場合を除いて（＝軽過失に限定して）責任を制限する免責条項とするしかありません。

　このサルベージ条項規制は2022年に導入されたばかりで、特に外資系のウェブサービスでは現在も対応できていない利用規約が多数あります。他社の利用規約を参考にする際などには、特に気をつけたいポイントです。

■ 消費者を保護する法律はほかにもたくさんある

　個人の消費者は、ウェブサービスの事業者と比較して弱い立場に立たされることになりがちです。そこで、消費者が不当に不利益を受けてしまうことを防ぐため、消費者は以下に挙げるさまざまな法令による保護を受けています。

① 消費者契約法

　消費者契約法には、上述した「一切損害賠償責任を負わない」というような損害賠償制限を無効にする規定やサルベージ条項規制以外にも、

- **消費者による解除権を制限する条項を無効にする**(同法第8条の2)
- **消費者に高額な違約金を課す条項を無効にする**(同法第9条)
- **消費者の利益を一方的に害する条項を無効にする**(同法第10条)

といった規定が定められています。

② 電子消費者契約法

　インターネット通販など、PC などを利用して契約を締結する際は、対面で契約する場合と比べて、画面上の記載事項を勘違いして、それに気づかずにボタンを押して契約に及んでしまうことが多くあります。
　そのため、勘違いを理由とした契約の取消しを主張しやすくする規定を定めているのが電子消費者契約法です。事業者がこの法律に準拠した画面遷移(例えば、商品 A の購入ボタンをクリックした後に、「商品 A を購入しますか？　はい／いいえ」というような確認画面を設けること)を実装していない場合は、ユーザーからの取消しの主張に対抗できないケースが増えることになります(電子消費者契約法第 3 条)。

③ 特定商取引法

　特定商取引法には、消費者が害されることの多い類型の取引を対象に、広告の規制やクーリングオフなど、消費者を保護する規定が存在しています。通信販売については、②の電子消費者契約法の定めと同様、顧客の意に反して申込みをさせようとする行為の禁止について規制しています。具体的には、「申込内容を確認する画面」を設けるなど、ユーザーが意図せずに申込みを行ってしまうような仕組みをとることを規制しています。

　具体的にどのような画面遷移であれば認められるのかについては、1章03、2章05の他、消費生活安心ガイドの「インターネット通販における「意に反して契約の申込みをさせようとする行為」に係るガイドライン[3]」もあわせて参照してください。

Column

クレーム対応と契約無効のあいだ

　「消費者がさまざまな法令によって保護されている」といっても、利用規約の条項が自動的に無効にされるわけではありませんし、一方的で無効な規定を定めていたからといって、罰則があるわけではありません。あくまで、「法的な争いに発展し、裁判所が認めてはじめて、無効になる」だけのことです。

　このことから、企業としては、あきらかに不当とならない範囲で免責の条件を定めておくことによって、多数寄せられるユーザーからのクレームや過剰な要求に効率的に対処しようとします。実際に、

「弊社は利用規約第○条により、一切の損害賠償責任を負わないことを定めており、貴殿のご要望にはお応えできません」
「今回のケースでの当社の利用規約による免責は、消費者契約法に抵触しないものと当社は考えます」

3 https://www.no-trouble.caa.go.jp/pdf/20171228ac01.pdf

の一点張りで押し切れるようになることで対処がラクになるのも、その一面だけ捉えれば事実です。

　しかし現在は、一部の知識を持ったユーザーによって利用規約の内容が検証され、それがブログやSNSなどを通じて広まることが多くあります。また、前述したとおり、あまりに利用者に不利な利用規約の規定は、サービス自体の評判を落とすことにもつながりかねません。

　また、内閣総理大臣の認定を受けた消費者被害の防止のための団体（適格消費者団体といいます）が、ユーザーに代わって訴訟を提起するケースも発生しています。

　以下、免責事項の実際の定め方やその有効性が実際に問題となった事例を見てみましょう。

●事例1

　2012年当時、ソフトバンクグループでサーバホスティング・クラウドサービスを展開していたファーストサーバが、保守作業中に、顧客データを誤って削除するという事故を発生させてしまいました。このサービスに適用されていた約款の免責規定がこちらです。

> 第35条（免責）
>
> （略）
>
> 6. 当社は、本サービスに関連して生じた契約者および第三者の結果的損害、付随的損害、逸失利益等の間接損害について、それらの予見または予見可能性の有無にかかわらず一切の責任を負いません。
>
> （略）
>
> 8. 本条第2項から6項の規定は、当社に故意または重過失が存する場合または契約者が消費者契約法上の消費者に該当する場合には適用しません。

> 第36条（損賠賠償額の制限）
> 本サービスの利用に関し当社が損害賠償責任を負う場合、契約者が当社に本サービスの対価として支払った総額を限度額として賠償責任を負うものとします。

この約款では、以下の形で免責をつけています。

- 第35条の第6項で一切免責とする
- 但し書き的に、8項で「故意または重過失が存する場合」「消費者契約法上の消費者に該当する場合」には責任を負うと定める
- さらに第36条で、その責任を負う場合であっても、「サービスの対価としてファーストサーバに支払われた総額」を賠償の限度額とする

なお、第36条による賠償限度額の設定ですが、消費者契約法が適用される場合は、「ウェブサービス事業者に故意・重過失があった場合にも適用される免責条項」として消費者契約法に抵触することとなり、無効とされる可能性もあります。

●事例2

2018年、適格消費者団体である埼玉消費者被害をなくす会が、株式会社ディー・エヌ・エーが運営する「モバゲー」の会員規約の以下条項（抜粋）について、消費者契約法第8条第1項第1号・第3号に抵触するとして、さいたま地方裁判所に差止請求訴訟を提起しました。

> 第7条 モバゲー会員規約の違反等について
> 3 当社の措置によりモバゲー会員に損害が生じても、当社は、一切損害を賠償しません。

> 第12条 当社の責任
>
> 4 本規約において当社の責任について規約していない場合
> で、当社の責めに帰すべき事由によりモバゲー会員に損害
> が生じた場合、当社は、1万円を上限として賠償します。

　第一審は埼玉消費者被害をなくす会が勝訴、ディー・エヌ・エーはこれを不服とし、上記条項について「当社が合理的に判断した場合」との文言を加え、解釈が明確になったとして原審判決の変更を求め、東京高等裁判所に控訴を申し立てました。

　しかし、東京高裁は2020年11月の判決で「合理的に判断した」の意味内容は極めて不明確で、これによって解釈が明確になったとは言えないとし、消費者契約法の不当条項の解釈においては、同法第3条第1項第1号の趣旨に照らし、事業者を救済する（不当条項性を否定する）方向で、消費者契約の条項に文言を補い限定解釈するということは極力控えるのが相当と判示し、上記条項の使用の差止め等を認めた第一審の判断を維持しました。

Point

● 消費者は法律によって広く保護されている

● BtoCのウェブサービスの場合、利用規約に一方的すぎる免責条件を設けても、消費者を保護する法律によって無効にされてしまうことがある

● 一方的すぎる条件は、無効にならなくても、サービスに対する評判を落とす要因になる恐れがある

16

ウェブ上での広告・
マーケティングに対する規制

■ 媒体審査なしで世の中に広告を出せてしまう怖さ

　テレビ・新聞・雑誌などのマスメディア上に、法律や規制に触れるような表現の広告が掲出されることはほとんどありませんでした。事業者が不適切な表現の広告を出そうとしても、マスメディアによる事前審査を通過できず、実際に掲載される前に止められていたためです。

　しかし、ウェブ広告では、事前審査を経ずに事業者が直接消費者に伝達する情報を制作する方法が主流であり、それゆえに、これまでは事前審査によって未然に防がれていた不適切な広告・マーケティングに、事業者が思いがけず手を染めてしまう危険性は格段に高まっています。

　たとえば、X(旧 Twitter)や Facebook などのソーシャル・ネットワーク上で、従業員が調べもせずに

「うちのサービスが世界初です」
「同業他社A社サービスの情報量は、当社サービスの50%にも達していません」

など、事実と異なることを書き込んだ場合には、景品表示法の「優良誤認表示」や不正競争防止法の「信用毀損行為」に該当し、違法となる可能性があります。

　また、自社のウェブサービスを有名人が使っていたのをいいことに、

無許可でその有名人の画像を使って

「○○さんも当社のサービスの愛用者の一人です！」

と宣伝してしまうと、パブリシティ権を侵害したとして、損害賠償を請求されるかもしれません。

　広告表現に関係する法律は多岐にわたるため、どこまで許されるのか、そしてどこから法律違反になるのかがわかりにくい部分があるのは事実です。とはいえ、ウェブ広告では「広告のプロによる事前審査」に頼れない以上、自己防衛ができるようにしなければならないのです。

■ おさえておくべき9つの法規

　広告・マーケティングを規制する法律は多数ありますが、そのうち、ウェブサービスに関わる主な9つを表2-9にまとめました。それぞれの概要をおさえておくだけでも、「うっかり法律違反」を防げるでしょう。

■ **表2-9 | ウェブサービスの広告・マーケティングに関わる主な法律**

目的	法律名
A 公正な競争・表示	① 景品表示法
	② 不正競争防止法
B 権利保護	③ 著作権法
	④ 商標法
	⑤ 憲法（プライバシー権・肖像権・パブリシティ権）
C 消費者保護	⑥ 消費者契約法
	⑦ 特定商取引法
D 情報化社会への対応	⑧ 個人情報保護法
	⑨ 特定電子メール法

以下、各法律ごとに、ウェブサービスにおけるマーケティングとどのような関わりがあるかを見てみましょう。

① 景品表示法

不当表示や不当景品を規制する法律です。以下のような場合に適用されます。

・根拠なく、または恣意的な調査に基づいて「No.1」である旨を広告に記載して、実際の品質よりも著しく優良であるという誤認を与える（優良誤認）
・キャンペーン価格が特別に安いかのように見せた比較によって、消費者に誤認を与えるような表現を行う（有利誤認）
・過度な景品を広告に付ける

昨今注意が必要となっているマーケティング手法が、インフルエンサーなどに報酬を支払って広告を行わせているものの、そのことが消費者にはわからないようにする「ステルスマーケティング」です。2023 年10 月 1 日から施行された告示において、ステルスマーケティングが優良誤認表示に当たることが指定され、規制対象とされることが明確になりました。[1]

この告示に関する運用基準においては、ブログ記事や SNS 等において、事業者が自ら広告記事を出稿する場合はもちろん、インフルエンサーに報酬を与えてサービスの優良性や優位性を訴求する発信をさせる場合にも、「広告」「PR」などの表示を入れることにより、事業者が関与した表示であることを明確にする必要があります。

ステルスマーケティングについては、平成 24 年 5 月に発出された、消費者庁の「インターネット消費者取引に係る広告表示に関する景品表示法上の問題点及び留意事項」においても触れられていました。しかしながら、「実際のもの又は競争事業者に係るものよりも著しく優良又は

1 https://www.caa.go.jp/policies/policy/representation/fair_labeling/stealth_marketing

有利であると一般消費者に誤認されるものである場合」という限定があり、その射程範囲が必ずしも明確ではなかったところ、今回、ステルスマーケティングは全て規制対象となったという点で、より対象が広くなったことが解釈上明確になりました。

　そのほかにも、消費者庁長官が、「実際のものよりも著しく優良であると示す表示等に該当するか否かを判断するために必要がある」と認めるときは、事業者に対し、期間を定めて表示の裏づけとなる合理的な根拠を示す資料の提出を求めることができます。そして、当該資料が提出されない場合には、「不当表示」とみなされます。具体的な運用については、「不当景品類及び不当表示防止法第7条第2項の運用指針－不実証広告規制に関する指針－[2]」を確認してください。

　また、有利誤認で注意したい事例としては、セール期間中に用いられる二重価格表示です。マーケティングの一環として、セール期間中は通常よりも安い価格であることを強調したいというニーズは当然のことだと思いますが、その比較対象となる「通常」の価格での販売実績がなかったり、極めて短い期間しか販売していなかったりする場合には、「不当な価格表示」として景品表示法に違反することになります。

　どのような場合に二重価格表示が「不当な価格表示」とされるのかについて参照したいのが、公正取引委員会が定めた価格表示のガイドラインである「不当な価格表示についての景品表示法上の考え方」です。この中では、以下の2つの条件を満たすならば違法とならない旨が言及されています。

・セール時からさかのぼって過去8週間のうち、元の価格で販売されていた期間が過半
・最後に元の価格で販売されていた日から2週間以上経っていない

　逆に、以下にあてはまる場合は、景表法違反にあたることになります。

2 http://www.caa.go.jp/policies/policy/representation/fair_labeling/guideline/pdf/100121premiums_34.pdf

・元の価格での販売実績がほとんどない
・最後に元の価格で販売されていた日から2週間以上経っていた

　たとえば、関西地方の菓子店が、楽天のネットモールでは通常2,800円で販売しているケーキと同等の商品を、問題となったフラッシュマーケティングのサイトで「定価5,400円のところを3,389円で特別に割引販売している」ように表示していたため、（違法な）「二重価格表示にあたるのでは」と炎上した事例があります。

② 不正競争防止法

　おもに知的財産に関する権利を定めるとともに、以下のようなことを規制する法律です。

・他社の周知・著名な商品・サービス名を使用したビジネス上のタダ乗り行為（フリーライド）や模倣
・他社をおとしめるような広告やマーケティング行為による信用毀損行為

　なお、不正競争防止法とウェブサービスの関係で特に知っておきたいのは、インターネットのドメイン登録についてです。ドメインの登録を受け付けるレジストラやJPRSは、特にチェックをせずに、早い者勝ちで登録を認めてくれます。しかし、だからといって、他社の社名や著名な商品・サービス名をもじったようなドメイン名をつけてしまうと、この法律に基づいて、使用の差し止めやドメイン名の移転を命じられる可能性があり、実際にそのような事例は多数発生しています。

③ 著作権法

　ウェブサービスの広告に用いられる文章表現・音声・画像・映像は、

それ自体が著作物として保護されます。著作権法は広告を規制するために作られた法律ではありませんが、他者の表現をマネしたり、許諾も得ずに安易に他人の著作物を広告素材としてしまうと、その広告自体が著作権侵害となります。そうなると、広告を中止したり、場合によっては損害の賠償をしなければならなくなります。

　また、もし著作権を侵害する広告を打ってしまったことが公になってしまえば、そのウェブサービスの評判は大きく傷つきます。そうなってしまうと結果として、広告の狙いとは真逆の効果が生じることになってしまうのです。

④ 商標法

　自社の商品やサービスを表す名前やマークを特許庁に登録することにより、その名前を商標として保護する法律です。

　自社のウェブサービスを広告・マーケティングするにあたって、他社の商標権を侵害しないように注意することは当然ですが、2012年にウェブサービス事業者にとって気になる裁判例が現れました。電子モール事業者である楽天のサイト上で、複数の出店者が「CHUPA CHUPS」の商標を違法に付した商品を販売していたことについて、「電子モール事業者にも一定の調査責任がある」という考え方を示したのです。

　電子モールのような場所貸し的なウェブサービスでは、「各店舗が広告・マーケティングをすることで、サイト全体の知名度も上がる」という利点があります。その代償として、

「販売しているのは店舗であって、ネット上の場所を貸しているにすぎないのだから、そこで行われている行為について責任は持てない」

という弁解が認められない可能性がある点には注意しなければなりません。

⑤ 憲法（プライバシー権・肖像権・パブリシティ権）

- 他人に知られたくない私的な事柄について放っておいてもらう権利（プライバシー権）
- 写真や映像への顔・姿の映り込みを拒否する権利（肖像権）

は、明文で規定されている権利ではありませんが、憲法第13条から導かれる「幸福追求権」に基づいて主張できる権利として、裁判所が認めています。

　また、特に有名人については、その注目を集める力に依拠した「パブリシティ権」と呼ばれる権利として、特別に保護されるケースがあります。注目を集めやすいという理由で

「オリンピック金メダリストの◯◯さんもご愛用されています」

などと、許可なく有名人の写真や氏名を用いるフリーライド行為を行うと、肖像権やパブリシティ権の侵害となる可能性があります（肖像権やパブリシティ権の詳細については、2章12も参照）。

⑥ 消費者契約法

　広告・マーケティング活動においては、おおげさな表現やまぎらわしい表現を使って人の目を引きたくなるものです。しかし、消費者契約法では次の3つを「消費者を誤認させる勧誘」の類型として挙げ、このような不適切な勧誘により締結した契約の取り消しを認めています。

- **不実の告知**
  契約内容の重要な事項について、事実と違う説明をすること

・**断定的判断の提供**

　将来得られる利益などが不確実であるのに、確実であるかのような勧誘をすること

・**不利益事実の故意の不告知**

　契約内容の重要な事項等について、消費者の利益になることだけを説明し、不利益な事実を故意に説明しないこと

⑦ 特定商取引法

　訪問販売や通信販売など、「消費者トラブルを生じやすい取引類型」を対象に、事業者が守るべきルールを定めた法律です。

　インターネット上の取引は特定商取引法上の通信販売にあたり、商品サービスに関する表示義務に従う必要があります。

　この表示義務については、1章03もあわせて参照してください。

　ほかにも、以下について定めています。

・著しく事実に相違する広告の禁止
・実際のものよりも著しく優良・有利であると誤認させるような誇大広告の禁止
・受信者の請求・承諾（オプトイン）のない者に対し送信する電子メール広告の規制
・顧客の意に反して申込みをさせようとする行為の禁止

⑧ 個人情報保護法

　ダイレクトマーケティングや行動ターゲティング広告を行う場合、その前提となる個人情報の収集・利用にあたって、以下の義務を遵守しなければなりません。

- 利用目的の特定と通知・公表
- 利用目的の範囲での利用
- データの正確性の確保
- 安全管理措置
- 従業者・委託先の監督
- 第三者提供の制限
- 開示・訂正・利用停止等

⑨ 特定電子メール法

　特定商取引法の電子メール広告規制と同様、あらかじめ同意(オプトイン)した者以外に電子メール広告を送信することを禁止しています。詳しくは2章17をご確認ください。

Point

- ウェブ広告を通じて直接消費者に情報を伝達できるようになったために、知らず知らずに不適切な広告・マーケティングを行うリスクが増大している
- ウェブサービスのマーケティングに関連する法律は、概要だけでも網羅的に知識を押さえておく。ステルスマーケティングに関する規制など、時代の変化にあわせて改正もあるので注意

17

広告メールを送付する際に注意すべきこと

■ 広告メールの送付にまつわる2つの規制

　新しい商品やサービスの内容を記載した電子メールをユーザーに送付することは、ウェブサービスにおいて効果的なマーケティングの方法です。しかしながら、広告や宣伝のための電子メール（以下「広告メール」）を自由に送信していいわけではなく、以下の2つの規制を守る必要があります。

(i) 特定電子メールの送信の適正化等に関する法律（いわゆる特定電子メール法）
(ii)特定商取引法

　規制の内容はほぼ同じですが、特定商取引法は同法に基づく「販売業者にのみ適用される」点が大きく異なります。
　これらの法律で規制されるのは、あくまで電子メールです。そのため、郵送で送付するダイレクトメールなどは対象となりません。
　また、ECサイトにおいて「ご注文いただいた内容の商品のお知らせ」「商品の発送のお知らせ」などの電子メールを送ることがありますが、これは取引関係に関する通知であって、広告や宣伝を行う手段として送信されるものではないため、規制の対象にはなりません。
　実務上は、取引に関するメール通知の一部に、別サービスの案内や「ご

一緒にいかがですか？」といった形で広告の要素を含めることもありますが、その場合は、広告を送るために本来不要なメール通知をしていると捉えられないように注意する必要があります。具体的には、消費者から見て、取引に関する通知の内容が、「契約の成立」「注文確認」「発送通知」など契約の内容確認や契約履行に関わる重要事項についてのものか否かがポイントです。

■「事前の同意」をどのように取得すればいいか

　この規制の内容で大事なのは、「広告メールの送信は、事前の同意なく送付してはならない」ことです。
　では、「事前の同意」はどのように取得すればいいのでしょうか。
　ウェブサービスでは、会員情報を登録してもらう際にメールアドレスの記入を求めることが多いですが、それだけで広告メールが送信されることについて、事前の同意があったとすることはできません。「同意を得た」と言えるためには、以下の2点を満たす必要があります。

（a）広告メールが送信されることをユーザーが認識している
（b）「賛成の意思表示をした」といえる状態にする

　そのため、図2-15のように、利用規約の一条文として「広告メールを配信することができるものとします」と記載するのみでは足りません。図2-16のように、チェックボックスを設けるなどして明確に同意をとっておく必要があります。

■ 図2-15 │ 配信する旨を記載するだけでは不十分[1]

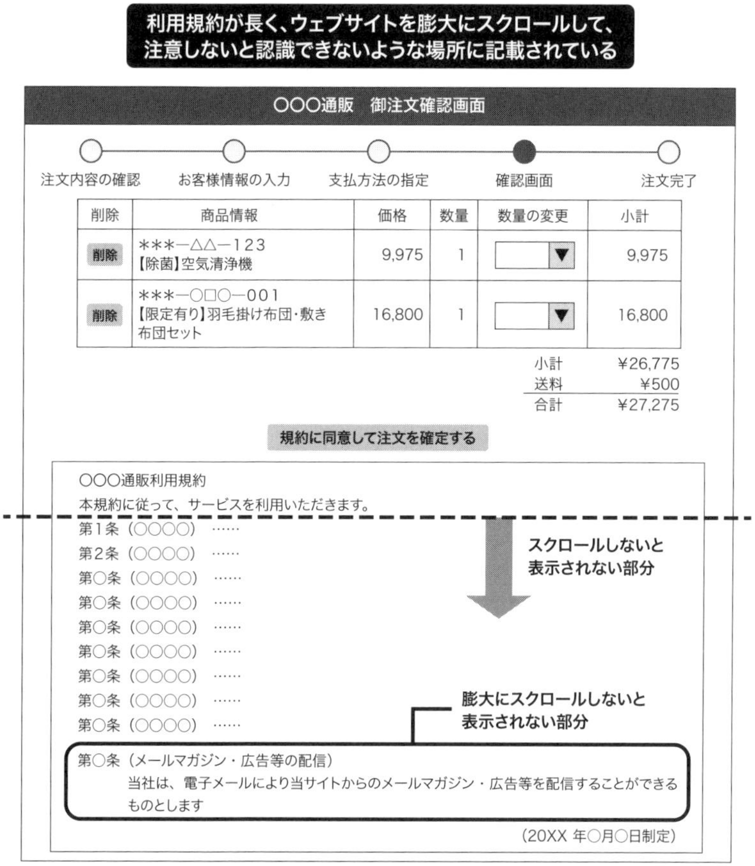

利用規約が長く、ウェブサイトを膨大にスクロールして、注意しないと認識できないような場所に記載されている

○○○通販　御注文確認画面

注文内容の確認　　お客様情報の入力　　支払方法の指定　　確認画面　　注文完了

削除	商品情報	価格	数量	数量の変更	小計
削除	***－△△－123 【除菌】空気清浄機	9,975	1	▼	9,975
削除	***－○□○－001 【限定有り】羽毛掛け布団・敷き布団セット	16,800	1	▼	16,800

小計　¥26,775
送料　¥500
合計　¥27,275

規約に同意して注文を確定する

○○○通販利用規約
本規約に従って、サービスを利用いただきます。
第1条（○○○○）……
第2条（○○○○）……
第○条（○○○○）……
第○条（○○○○）……
第○条（○○○○）……
第○条（○○○○）……
第○条（○○○○）……
第○条（○○○○）……
第○条（○○○○）……

スクロールしないと表示されない部分

膨大にスクロールしないと表示されない部分

第○条（メールマガジン・広告等の配信）
　　当社は、電子メールにより当サイトからのメールマガジン・広告等を配信することができるものとします

（20XX 年○月○日制定）

---

1 総務省「特定電子メールの送信等に関するガイドライン」より引用
https://www.caa.go.jp/policies/policy/consumer_transaction/specifed_email/pdf/
110831kouhyou_2.pdf

■ 図2-16 | チェックボックスを設けて明確に同意を取る[2]

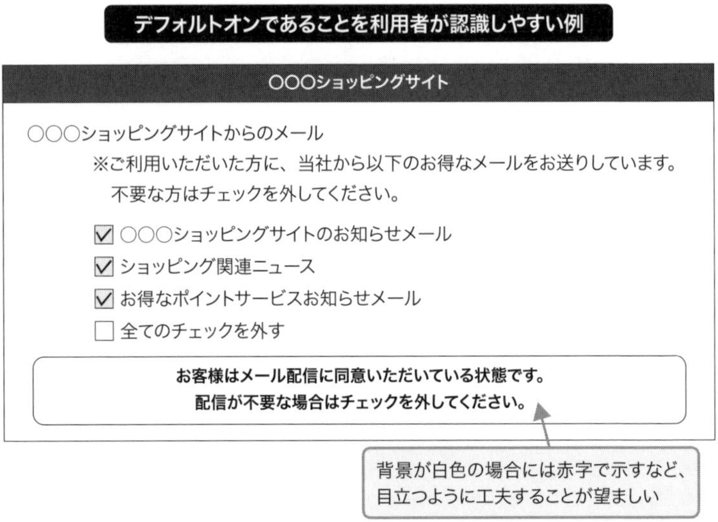

デフォルトオンであることを利用者が認識しやすい例

〇〇〇ショッピングサイト

〇〇〇ショッピングサイトからのメール
　　※ご利用いただいた方に、当社から以下のお得なメールをお送りしています。
　　　不要な方はチェックを外してください。

　　☑ 〇〇〇ショッピングサイトのお知らせメール
　　☑ ショッピング関連ニュース
　　☑ お得なポイントサービスお知らせメール
　　☐ 全てのチェックを外す

**お客様はメール配信に同意いただいている状態です。
配信が不要な場合はチェックを外してください。**

背景が白色の場合には赤字で示すなど、
目立つように工夫することが望ましい

　同意をとる際、あらかじめチェックボックスにチェックを入れておき、広告メールの配信を望まない方のみ「チェックをはずす」ようにしてもらう(デフォルトオンにする)方法があります。

　これはただちに「違法」となるわけではありませんが、「賛成の意思を確認する」という意味で推奨されるのはデフォルトオフにすることです。

　また、デフォルトオンとした場合でも、

・容易にチェックを外せるようにする(たとえば一括してチェックをはずせるなど)
・デフォルトオン状態のチェックボックスを同意者の目に入りやすい位置・色・大きさで表示する
・同意取得画面でチェックを外してから次の画面に進んだあとに「戻る」ボタン等で前の画面に戻った際にチェックが外された状態を維持する

2　総務省「特定電子メールの送信等に関するガイドライン」より引用
　　https://www.caa.go.jp/policies/policy/consumer_transaction/specifed_email/
　　pdf/110831kouhyou_2.pdf

といった対応が推奨されています。

■ 総務省と消費者庁のガイドラインもチェック

　広告メールについての規制は、総務省や消費者庁でも「措置命令」などの行政処分の対象になっている事例が多くあります。ユーザー側にも広く規制の存在が認識されているため、「何か抜け穴がないのか」と探るより、正面からきちんと守るようにしましょう。

　総務省及び消費者庁から出されているガイドラインでも、具体例とあわせて詳細に解説されているので、ご一読ください[3]。

Point
- ●広告メールの送信には事前の同意が必要
- ●チェックボックス方式により明確に同意を取る

3　総務省「特定電子メールの送信等に関するガイドライン」
https://www.caa.go.jp/policies/policy/consumer_transaction/specifed_email/pdf/110831kouhyou_2.pdf
消費者庁「電子メール広告をすることの承諾・請求の取得等に係る「容易に認識できるよう表示していないこと」に係るガイドライン」
https://www.no-trouble.caa.go.jp/pdf/20220601la02_06.pdf

18

未成年者による利用と課金

■ 多額の請求が来てはじめて気づく親は少なくない

　携帯電話・スマートフォンの若年層への普及に伴い、特にゲームや動画等のエンタメコンテンツの分野において、保護者の目の届かないところで有料サービスを利用した未成年者に対する課金が高額化し、依存症となる若者も出るなど、社会問題として取り上げられることが多くなりました。

　ウェブサービスを利用するにあたっては、多くの場合、キャリア課金やクレジットカード払いの認証を通過する必要があります。サービスを提供している事業者の立場としては、

「これらの認証を通過しているのは、支払い能力のある保護者がその認証通過に必要な情報を提供し、入力を認めたからであって、サービスを利用したことに対する対価は、保護者の責任において支払ってもらいたい」

というのが当然の思いでしょう。しかし、ウェブサービスの仕組みをよく理解していない保護者にしてみれば、「ウェブサービスごとき」で数万円単位の請求が発生する可能性を想像できていません。請求明細を見てびっくりし、反射的に事業者にその返還を請求するということが、世の中では繰り返されています。

■ 課金スタンスと年齢確認の方法を考える

まず知っておきたいのは、民法上の原則として、

保護者（法定代理人）の同意がない場合、未成年者はその契約をいつでも取り消すことができる

ということです（民法第5条第1項・第2項）。そして、契約を対面で行わないウェブサービスでは、保護者の同意を確実に取り付けることは非常に困難です。

これをふまえて、未成年者へのウェブサービスの提供にあたっては、以下の2つの選択肢から対応方針を考えることになります。

① 未成年者には提供しない
② 未成年者にも提供するが、利用できるサービス・金額を制限して、取り消しの影響を最小限におさえる

それぞれくわしく見ていきましょう。

① 未成年者には提供しない

取引の安全確保だけを優先すれば、少々乱暴かもしれませんが、「そもそも未成年者には提供しない、登録は受け付けない」というのがシンプルな対応です。具体的な方法としては、利用規約や画面上の注意書きで「未成年者の利用は不可・登録拒否」とすることが考えられます。

ただし、実際には利用規約や注意書きを読まずにサービスを利用する人も多いことを考えると、いざ問題が発生し、法的な争いとなったときには対抗しにくいでしょう。そのため、この選択肢を採る場合は、登録にあたり、

・年齢確認の画面を設ける

・生年月日を入力させる

ことにより未成年者でないと確認をとることは、必須と言えるでしょう。

　さらには、あえてクレジットカード情報の入力や携帯キャリア決済との連携を必須とするといった運用も検討できます。ちなみに、携帯電話キャリアなどでは、ユーザーの同意の下、キャリアが持つ年齢情報をウェブサービスに連携する「年齢確認サービス」を提供しているところもあります。

　高額な利用料を請求するサービスや、未成年者取消をされると大きな実損が発生してしまうサービスにおいて、より本人認証や年齢確認を徹底したい場合は、身分証明書のコピー・画像の提出や、本人限定受取郵便などを利用して本人認証を行うことを検討してもよいかもしれません。

② 未成年者が利用できるサービス・金額を制限する

　現実的には「未成年者の登録を受け付けない」というのは、ユーザー数の獲得において得策ではありませんし、特にゲームなどの若年層が楽しむサービスではナンセンスでしょう。そのため、「未成年者の利用を認めたうえで、どのように取引の安全を図るか」が、実務上よく問題となります。

　まず第一に、生年月日を入力してもらい、未成年者に該当する場合には「無料のサービスのみを利用可能にし、有料のサービスは利用できないようにする」という手段が考えられます。これは、広告収入が期待できる場合や、無料でも楽しめる要素がある場合には、一番受け入れられやすい方法でしょう。

　やむを得ず未成年者に有料のサービスを提供する場合に、「保護者の同意を得ています」というチェックボックスにチェックを入れてもらうなどの対応によって、後の課金に対する法的な争いの際に少しでも主張

できる材料を増やしておくという手段も、多く採用されています。しかし、ウェブ上では、保護者の同意が本当に得られているかを確認するのが難しいと言わざるを得ません。

　そこで第三の手段として、「最終的には未成年者取消に応じなければならない場合もあることを考慮したうえで、未成年者には取引金額の上限を定める」という手段をとることがあります。特に、ゲーム業界では、若年者の高額課金に対する批判もあり、以下のように年齢層をいくつかに区切って課金上限を定めている例が見られます。

13歳未満 ⇒ **0円（有料サービス利用不可）**
16歳未満 ⇒ **5,000円（税別）まで**
18歳未満 ⇒ **10,000円（税別）まで**

■ 未成年者取消に応じなくていい場合とは

　せっかく年齢を確認するプロセスを登録画面に作っても、未成年者がウソの情報を入力してこれらをクリアし、サービスを利用することもありえます。

　そのような場合、事業者はどのような対応をとればいいのでしょうか？　それでも、未成年者取消に応じなければならないのでしょうか？

　前述のとおり、保護者の同意のない未成年者の契約の申込みは取り消すことができるというのが民法上の原則です。しかし、民法は同時に、「保護者の同意があることを誤信させるために未成年者が詐術を用いた場合には、その契約を取り消すことができない」ことも定めています（民法第21条）。さらに、「詐術を用いたときとは、制限能力者であることを誤信させるために、相手方に対し積極的術策を用いた場合に限るものではなく、制限能力者がふつうに人を欺くに足りる言動を用いて相手方の誤信を誘起し、又は誤信を強めた場合をも含んでいる」とした判例もあります。[1]

　クレジットカードを決済手段として利用している場合は、クレジット

1 最高裁昭和 44 年 2 月 13 日第一小法廷判決・民集 2 巻 2 号 291 頁

カード会員規約も確認しておくべきでしょう。カード名義人の家族等によってカードが不正利用された場合に発生した損害については、カード会社はこれを填補しない（名義人の自己責任）とする規約が一般的です。名義人である保護者としてのカード管理責任を追及し、支払いを求めるのも一考でしょう。

　ウェブサービスにおいて採用すべき年齢確認のレベルについて、具体的に述べられた判例で著名なものはまだありません。しかし、単純な生年月日確認だけでなく、クレジットカード認証などの何段階かの年齢確認のプロセスを設け、事業者としての注意義務を尽くし、未成年者ではないことを確認しているにもかかわらず、事業者をだますような手法で、課金を免れるために未成年者取消を主張する者や、保護者として適切に財産管理をしていないと思われる者には、上記の法律・判例・カード会員規約をもとに、責任の負担を求めるべきでしょう。

■ 返金にあたっては、慎重な確認プロセスを

　このように、未成年であったことを理由とする取消請求に対抗する方法があるにもかかわらず、ウェブサービスにおいて未成年者取消を主張された場合、実務では争うことなくそれに応じている事例も少なくありません。これは、保護者と返金について争うコストと返金によって失うサービスの対価を比較した場合、多くのケースで圧倒的に返金について争うコストのほうが高くつくからです。

　ただし、言われたまま返金に応じていては、不正な返金請求の横行にもつながりかねません。そのため、

・保護者と未成年者からそれぞれ返金要請の事情を書いた署名付きの書面を取得する
・住民票等により親子関係を確認する
・アカウントを削除し、その後の利用を認めない

などの一定のプロセスを踏んで、返金に応じているのが一般的です。

　高額なウェブサービスにおいて、返金を要求されたり、長期にわたる利用料のすべてをさかのぼって返金を求められると大きな痛手となります。

　そのような事態にならないよう、未成年者であるかどうかにかかわらず、課金額が高額になりつつあるユーザーに対しては、

・定期的に本人に連絡を入れる
・場合によっては、追加で本人確認も兼ねた厳密な年齢確認をとる

など、運営上の工夫をすることも検討しておきましょう。

Point

- 保護者（法定代理人）の同意がない場合、未成年者はその取引をいつでも取り消すことができるのが民法上の原則

- 未成年者にサービスを提供するかどうか、サービスの設計段階で検討しておく

- 未成年者が詐術を用いた場合や、保護者が適切な財産管理をしていなかったことが証明できる場合には、取り消しに応じないという道もある

- 不正な返金請求が横行しないよう、返金プロセスにおいて確認を尽くす

19

プラットフォームの利用・運営に
まつわるリスク

■ プラットフォーマーが定める規約にみられる3つの特徴

　現在のウェブサービスは、X(旧 Twitter)、Instagram のようなメジャーな SNS プラットフォーム上で蓄積された情報(ユーザー情報やフォロー関係、投稿内容など)と連携することが多くなっています。また、スマートフォンアプリであれば、Google や Apple のプラットフォーム上での配信が前提となります。このような他社のプラットフォームと連携するウェブサービスは、

・ すでに蓄積されているユーザーの個人情報を利用できる
・ ネットワークによる口コミ効果が期待できる
・ 独自の課金システムを構築する必要がない

といった大きなメリットがある一方で、「プラットフォーマーが定めるウェブサービス事業者向けの規約を遵守しなければならない」という新たな負担を負う覚悟も必要になります。
　プラットフォーマーが定める規約には、以下のような傾向があります。

① 変更の頻度が高く、突然大幅に内容が変更されることもある
　プラットフォーマーの思惑や都合次第で、従来は規約違反ではなかったビジネスが、突然規約違反となる危険性を常にはらんでいる

② 違反すると、「一発退場」になる可能性がある

　事前の警告すらなく、突然プラットフォームから締め出されることも少なくない

③ 恣意的・非合理的な運用をされても抵抗しづらい

　規約上、プラットフォーマーが恣意的に運用をできる建てつけになっている

■ 大規模プラットフォーマーに対する規制の導入

　特に、デジタル領域においてビジネス上支配的な地位にあるプラットフォーマーがこのような「強権」をふるうことが許されてしまうと、そのプラットフォームを利用してサービスを提供する事業者は、ビジネス継続が難しくなってしまいます。

　そのような問題意識から、大規模なデジタルプラットフォーマーを規制する法律として、「デジタルプラットフォーム取引透明化法」が2020年に施行されました。[1]この法律は、プラットフォーマーに対し、

・**取引条件等の情報の開示**
・**運営における公正性確保**
・**運営状況の報告**

等を義務付けるものとなっており、2024年1月時点では、アマゾン・楽天・ヤフー・Apple・Google・Meta（Facebook）らがこの法律によって一定の規制を課されています。

1　経済産業省「デジタルプラットフォーム取引透明化法」
　https://www.meti.go.jp/policy/mono_info_service/digitalplatform/provider.html

■ そうはいってもプラットフォーム規約違反のリスクは高い

　そうした法令による規制があるとはいえ、プラットフォーム規約は「プラットフォーマー側の広い裁量で運用できるようになっている」ということに変わりはありません。そして、プラットフォームを利用する事業者からすれば、プラットフォーマーとの連携が収益を得るために不可欠であるため、ビジネス上関係を断ちきれないのが実状であり、これに違反するリスクは引き続き高いと言わざるを得ません。

　例えば、iOS アプリ内で、デジタルコンテンツや追加機能を販売する際に、Apple が提供する決済システムを利用せずに外部の決済システムに誘導したり、わいせつな画像を含む等の禁止対象コンテンツを販売したりすると、Apple が定める規約に抵触し、AppStore でのアプリ配信を停止されるだけでなく、場合によっては開発者アカウントごと削除される可能性があります。

　また、近年ではユーザーとのコミュニケーションが SNS 上で行われるようになっている中で、ウェブサービスと SNS とを連携させる API の提供条件が変更され、それまで行えていた連携が強制的に解除される事例もみられます。

●事例1

　2015 年 10 月、Apple の iOS 向けにリリースされていた Nagisa 社のデベロッパーアカウントが停止され、同社のすべてのアプリがストアから削除されました。

　同年 12 月には、Apple によるアカウント停止の理由が

・漫画作品の一部にある性的描写での規約違反
・既存アプリのアップデート未対応による広告SDKでの規約違反
・開発環境と本番環境でコンテンツを出し分けたことによる規約違反

の3点であったことを発表し、アカウント再開措置も認められず、同社はiOSアプリ配信事業そのものを終了せざるを得なくなりました。[2]

●**事例2**

2023年2月に、Twitter(現X)が提供するAPIの有料化および仕様変更が発表され、投稿をまとめるサービスである「Twilog」がサービス停止となりました。TwilogはTogetterに買収・統合されたことでサービス継続に至りましたが[3]、同年7月にもTwitter(現X)のAPI仕様変更や不具合により断続的な障害が発生するなど、この2社に限らず、Twitter(現X)と連携するサービスは度々大きな影響を受けています。

■ 自社がプラットフォーマーとなる場合には「独占禁止」「取引透明化」に注意

逆に、自社がウェブ上でプラットフォームサービスを企画・運営する立場となる場合には、独占禁止の観点にも注意が必要です。

プラットフォーマーとなる企業の規模にもよりますが、健全な企業間競争を阻害する、たとえば以下のような行為をすると、独占禁止法に抵触する可能性があります。[4]

・ほかのプラットフォームでアプリを販売しない旨の規定を利用規約に設ける
・ほかのプラットフォームでアプリを販売する事業者を排除する

具体例として、2011年9月、DeNAが、同社の運営するプラットフォームサービスであるモバゲーにゲームを提供する開発会社に対して、ライバル社のGREEのサイトにゲームを出さないよう圧力をかけたとされ、

---

2 株式会社 Nagisa「App Store の弊社デベロッパーアカウント停止に至った経緯につきまして」
　https://nagisa-inc.jp/news_release/20151214/1631
3 トゥギャッター株式会社公式 note「Twitter API 有償化の対応が完了、さらに Twilog を買収・統合しました」
　https://note.com/togetter/n/n4dc9e2bdbde8?magazine_key=mb9494de40851
4 公正取引委員会「独占禁止法の規制内容」
　https://www.jftc.go.jp/dk/dkgaiyo/kisei.html

これが独占禁止法が禁じる「取引妨害」にあたるとして、公正取引委員会が排除措置命令を出した事例があります。[5]

　また、自社のウェブサービスが成長し、市場の中で支配的な地位（例えば、広告仲介型デジタルプラットフォームであれば、前年度の国内売上額 500 億以上など）を占めるようになった場合は、前述したデジタルプラットフォーム取引透明化法の規制を受けることになることも、認識しておきましょう。

▌Point

- 他社プラットフォームを利用して提供するウェブサービスを企画する場合は、そのプラットフォーム規約に抵触しないようにサービスを設計する
- プラットフォームの規約が一方的に変更されるリスクを認識する
- 自らがプラットフォーマーとなるウェブサービスの場合は、不当に競争を阻害するような契約条件を設けない

---

5 公正取引委員会「（平成 23 年 6 月 9 日）株式会社ディー・エヌ・エーに対する排除措置命令について」
　https://warp.ndl.go.jp/info:ndljp/pid/9923409/www.jftc.go.jp/houdou/pressrelease/h23/jun/110609honbun.html

20

ウェブサービスを売却する
場合の留意点

■ ウェブサービスの売却を成功させるには

　無事、ウェブサービスを成長させることができてきたところで、その
ウェブサービスを他社に売却して、一攫千金を夢見る方もいるでしょう。
また、さらなるサービスの発展のために、大企業と一緒に連携していき
たいという理由で売却する場合もあります。ウェブサービスの売却は、
ウェブサービス事業者にとって重要な1つの選択肢ですが、売却を成功
させるためには、どのような点に注意した方がよいのでしょうか。

　なお、ここでは、会社自体、つまりは株式の売却ではなく、特定のウェ
ブサービスのみを売却する場合（会社法でいうところの事業譲渡）の留意
点を解説していきます。

■ 売却までの流れ

　実際にウェブサービスを売却するまでには、通常、以下のような流れ
をたどります。

① 売却先候補とのマッチング

　売却先候補とのマッチングについては、売却先候補から直接買取りの
打診がある場合や、銀行や株主からの紹介を受ける場合など、様々です。

複数の売却先と交渉し、条件が最も良い売却先をその中から選ぶという場合もあります。

② 特定の売却先との基本合意書締結及びデューデリジェンス

特定の売却先と交渉しておくことが決まった段階で一定期間の優先交渉権や秘密保持などを盛り込んだ基本合意書を締結し、最終の売却についての契約について両者が交渉を進めていきます。

その過程で、重要な情報も含めて開示したうえで、デューデリジェンスといわれる法務、会計面も含んだ調査を受けることがあります。

この調査の過程で、何か問題が見つかると、売却価格の減額や取引そのもののキャンセルにつながってしまうこともあります。

③ 最終契約の締結

調査結果を踏まえ、最終的な条件を双方で協議し、ウェブサービス売却のための契約書を締結することになります。そして、その契約に記載された条件（クロージング条件といいます）を満たすことができるかをクロージング日に確認したうえで、譲渡代金が支払われ、それと引き換えに事業を譲渡することになります。

■ 売却する対象は何か

特定のウェブサービスを売却するといっても、具体的に何を売却するのかを分解していくと、以下のように、その対象は複雑です。

＜契約関係＞
・ウェブサービスの利用者との利用規約に基づく契約
・ウェブサービスを稼働させるために必要なクラウドサーバー提供会社との

契約

・ウェブサービスのドメイン名使用のための契約

・決済をするための決済代行会社との契約

・ウェブサービスを提供するために契約している取引先との契約

・アプリプラットフォーム（AppleやGoogleなど）との契約

＜資産＞

・ウェブサービスのシステム（ソースコード含む）とコンテンツ

・ウェブサービスの商標等の知的財産権

　そして、これらの契約関係や資産が、適切にウェブサービス事業者に帰属しているのか、これらの契約を売却先に移転可能かが、売却先側からチェックされ、十分に対応できていない場合は、売却そのものが成立しなくなるか、又は売却代金の減額を主張されかねません。

■ 実際の売却時に、どんな問題が生じているのか

　筆者がスタートアップの事業売却を支援する際に、しばしば遭遇するトラブルや障害があります。その中から学ぶべき教訓を、以下3点にまとめました。

① 利用規約において、ウェブサービスの売却を想定した規定が あるか

　利用規約は、ウェブサービス事業者とユーザーの間の権利義務関係について規定したものであり、ユーザーが利用規約に同意することによって、利用規約に記載された内容を契約条件とする契約が、ウェブサービス事業者とユーザーの間に成立します。そして、ウェブサービスを売却する場合には、この個々に成立したウェブサービス事業者とユーザーの間の契約のウェブサービス事業者の地位を、売却先に移転することにな

ります。このような契約上の地位の移転には、本来、相手方であるユーザーの同意が必要です。

　しかしながら、個々のユーザーの同意を取得するのは現実的ではないので、利用規約において、下記のような条項を入れて、あらかじめ同意をとっておくという運用がなされています。この条項が利用規約に入っているか否かで、売却の容易さが大きく変わりますので、あらためて、みなさんの利用規約に入っているか確認しておきましょう。

　なお、売却の直前に利用規約を変更し、下記のような条項を入れることについては、これも個々のユーザーの同意なくして変更が認められるのかという論点につながるため、慎重な対応が必要です。その意味でも、売却を具体的に視野に入れていない場合であっても、立ち上げ段階から利用規約に下記のような条項を設けておく必要があるのです。

> 　当社は本サービスにかかる事業を他社に譲渡した場合には、当該事業譲渡に伴い利用契約上の地位、本規約に基づく権利及び義務並びに登録ユーザーの登録事項その他の顧客情報を当該事業譲渡の譲受人に譲渡することができるものとし、登録ユーザーは、かかる譲渡につき本項において予め同意したものとします。なお、本項に定める事業譲渡には、通常の事業譲渡のみならず、会社分割その他事業が移転するあらゆる場合を含むものとします。

② 商標権やドメイン名を適切に取得・管理できているか

　ウェブサービスにおいて、そのサービス名の商標が取得できていない場合の問題については、2章03に記載のとおりですが、ウェブサービスの名称変更は事業価値を大きく損なう場合があることから、売却時においては、その点のリスクを重く見られて、売却額の減額につながることや、そもそも売却が立ち消えになってしまうケースもあります。

また、ドメイン名についても、ウェブサービス立ち上げ時に個人で契約したままになっているケースが見受けられます。ドメイン名の名義人が事業者の代表者であれば名義変更をすれば済みますが、担当エンジニアの名義でとりあえず取得したままになっており、その個人が退職して連絡がつかなくなってしまっているようなケースでは、ドメイン名の変更自体ができず、売却も難しくなってしまいます。

　商標権やドメイン名を適切に取得し、かつ、それがウェブサービス事業者に帰属しているかについては、将来の売却も意識して、あらためて確認しましょう。

③ 動画、イラスト、デザイン等のコンテンツの権利が適切に帰属しているか、また、売却先に移転可能か

　ウェブサービスにおいて、コンテンツはその価値を決める重要な要素であり、その権利関係が大事であることは 2 章 08 においても解説したとおりです。そして、売却先にとっては、そのコンテンツが魅力なのであり、そのコンテンツをそのまま売却先に移転できることは売却の大前提です。

　コンテンツの権利が適切にウェブサービス事業者に帰属しているのであれば、その移転は容易なのですが、権利は別の第三者に帰属していて、その使用許諾を受けているにすぎない場合は注意が必要です。

　まず、利用規約上でユーザーから使用許諾を受けているというケースであれば、上記①の利用規約に基づく契約上の地位の移転により、引き続き売却先も権利許諾を受けることができると考えます。

　他方で、フリー素材やフォトストック、デザインストックの提供会社から許諾を受けた動画、イラスト、デザイン等を利用している場合、その提供会社との契約上の地位を売却先に移転することについて、提供会社の同意を得なければならないという問題があります。そして、その会社が海外の会社である場合に特に多いのですが、契約上の地位の移転の手続きが煩雑であり時間がかかったり、同意が得られないリスクもあり

ます。フリー素材や、フォトストック、デザインストックの提供会社の素材を利用するケースは多いと思いますが、売却時にはリスクとなりうる点に注意しておきましょう。

　このように、ウェブサービスをより良い条件で売却するには、「良いウェブサービス」を支えるための適切な利用規約、プライバシーポリシーなどの整備と、この本で説明してきたウェブサービスを適切に運営していくためのポイントをしっかりと守っていくことが、何より重要なのです。

Point

- 将来、サービスを売却する場合も考慮して、良い条件で売却ができるよう、サービスの開始時から以下の準備をしておく
  1. ユーザー向け利用規約に、ウェブサービスの円滑な譲渡ができるような規定を設けておく
  2. 商標権・ドメイン名を確保する
  3. 第三者に譲渡・契約上の地位移転が可能となるようにコンテンツの権利処理を行う

すぐに使えて
応用できるひな形

ひな形のダウンロード

本書のサポートページより、ひな形をダウンロードいただけます。

ご利用にあたっては、本書2ページ記載の免責をご確認ください。

https://gihyo.jp/book/2024/978-4-297-14039-7/support

本章の利用規約、プライバシーポリシー、そして特定商取引法にづく表示のひな形は、以下を前提としています。

●AIでアバターを生成するウェブサービス（2章Prologue参照）

●サブスクリプション型課金（月額・年額等のプランを入会時にサイトで選択）

●利用者情報の第三者提供は原則として行わないが、行動ターゲティング広告及び一部業務で個人情報を委託する

01　利用規約のひな形

本利用規約（以下「本規約」と言います。）には、本サービスの提供条件及び当社と登録ユーザーの皆様との間の権利義務関係が定められています。本サービスの利用に際しては、本規約の全文をお読みいただいたうえで、本規約に同意いただく必要があります。

第1条（適用）

1. 本規約は、本サービスの提供条件及び本サービスの利用に関する当社と登録ユーザーとの間の権利義務関係を定めることを目的とし、登録ユーザーと当社との間の本サービスの利用に関わる一切の関係に適用されます。

2. 当社が当社ウェブサイト上で掲載する本サービス利用に関するルール（https://.......）は、本規約の一部を構成するものとします。

3. 本規約の内容と、前項のルールその他の本規約外における本サービスの説明等とが異なる場合は、本規約の規定が優先して適用されるものとします。

利用規約に「サービスを利用するためには規約に同意する必要がある」「同意したものとみなす」旨を規定しただけでは、訴訟において、ユーザーからの同意は取れていないと判断されてしまうおそれがあります。そのため、この記載のみを同意の根拠とするのではなく、2章07を参考に、ユーザーから明示的な同意を取りつける仕組みを検討する必要があります。

　第1項において利用規約が適用される範囲を定めていますが、広告やウェブサイトなどに記載したサービスの概要や、営業活動のために作成したマーケティング資料の内容が利用規約の内容と異なっていた場合は、利用規約の内容が上書きされてしまう可能性がある点には注意が必要です。

　たとえば、クラウドストレージサービスにおいて、利用規約で

「本サービスにおいては、バックアップはユーザーの責任でとっていただくものとし、当社は本サービスにおけるユーザーの情報について、一切保存、管理する責任を負うものではありません」

などと規定する場合がよくあります。しかしそのような場合においても、営業用の資料などにおいて

「バックアップは当社のサービスに含まれます」

などと記載してしまっていた場合は、クラウドストレージサービス運営者にバックアップをとる義務が生じていると解釈されてしまう可能性があるのです。

　このように、せっかく作成した利用規約の条件が意に反して変更されてしまうことのないよう、第3項において、優先して適用されるルールを明確にしています。

第2条（定義）

本規約において使用する以下の用語は、各々以下に定める意味を有するものとします。

(1) 「サービス利用契約」とは、本規約を契約条件として当社と登録ユーザーの間で締結される、本サービスの利用契約を意味します。

(2) 「知的財産権」とは、著作権、特許権、実用新案権、意匠権、商標権その他の知的財産権（それらの権利を取得し、またはそれらの権利につき登録等を出願する権利を含みます。）を意味します。

(3) 「投稿データ」とは、登録ユーザーが本サービスを利用して投稿その他送信するコンテンツ（文章、画像、動画その他のデータを含みますがこれらに限りません。）を意味します。

(4) 「当社」とは、【会社の正式な商号】を意味します。

(5) 「当社ウェブサイト」とは、そのドメインが「【本サービスを提供するドメイン名】」である、当社が運営するウェブサイト（理由の如何を問わず、当社のウェブサイトのドメインまたは内容が変更された場合は、当該変更後のウェブサイトを含みます。）を意味します。

(6) 「登録ユーザー」とは、本規約に基づいて本サービスの利用者としての登録がなされた個人または法人を意味します。

また、利用規約内にすべてのルールを書き込むことは、メンテナンスや体裁の面から難しい場合もあります。そのような場合は、第 2 項のように、利用規約内にリンクを貼るなどして明示的に参照することにより、利用規約外のルールを利用規約の一部として組み込んでもよいでしょう。

利用規約の文中に頻出する用語をあらかじめ定義し、あいうえお順等に並べておくことで、利用規約の本文の読みやすさが向上します。

(7) 「本サービス」とは、当社が提供する【ウェブサービス名】という名称のサービス（理由の如何を問わずサービスの名称または内容が変更された場合は、当該変更後のサービスを含みます。）を意味します。

第3条（登録）

1. 本サービスの利用を希望する者（以下「登録希望者」といいます。）は、本規約を遵守することに同意し、かつ当社の定める一定の情報（以下「登録事項」といいます。）を当社の定める方法で当社に提供することにより、当社に対し、本サービスの利用の登録を申請することができます。

2. 当社は、当社の基準に従って、第1項に基づいて登録申請を行った登録希望者（以下「登録申請者」といいます。）の登録の可否を判断し、当社が登録を認める場合にはその旨を登録申請者に通知します。登録申請者の登録ユーザーとしての登録は、当社が本項の通知を行ったことをもって完了したものとします。

3. 前項に定める登録の完了時に、サービス利用契約が登録ユーザーと当社の間に成立し、登録ユーザーは本サービスを本規約に従い利用することができるようになります。

4. 当社は、登録申請者が、以下の各号のいずれかの事由に該当する場合は、登録及び再登録を拒否することがあり、またその理由について一切開示義務を負いません。

   (1) 当社に提供した登録事項の全部または一部につき虚偽、誤記または記載漏れがあった場合

   (2) 未成年者、成年被後見人、被保佐人または被補助人のいずれかであり、法定代理人、後見人、保佐人または補助人の同意等を得ていなかった場合

ユーザーがサービスを利用開始する前に登録を行わせ、ユーザーの把握・管理を行いやすくします。第1〜3項を設けることでサービスの利用を申請に基づく登録制とし、申請を拒否する場合があることを明確にしています。

　第4項の(2)は、未成年者取消等の民法上の取消が認められる場合を想定した規定です。特に未成年者にサービスを提供することはよくあると思いますが、民法は未成年者が保護者（法定代理人）の同意を得ずに契約をした場合には、その契約をいつでも取り消すことができることを原則としています。

　したがって、「保護者の同意を得ていない場合は、将来契約を取り消されてしまう可能性がある以上、そもそも登録は受け付けない」ということを明確にしています。

　もっとも、このように登録拒否事由としておけば、保護者の同意を得たかを確認しなくてもいいというわけではありません。確認を怠って、うっかり保護者から同意を得ていない未成年者の申込みを受け付けてしまった場合は、本項の規定だけで未成年者取消を防ぐことは難しいという点には注意が必要です。

(3) 反社会的勢力等(暴力団、暴力団員、右翼団体、反社会的勢力、その他これに準ずる者を意味します。以下同じ。)である、または資金提供その他を通じて反社会的勢力等の維持、運営もしくは経営に協力もしくは関与する等反社会的勢力等との何らかの交流もしくは関与を行っていると当社が合理的に判断した場合

(4) 過去当社との契約に違反した者またはその関係者であると当社が合理的に判断した場合

(5) 第10条に定める措置を受けたことがある場合

(6) その他、登録を適当でないと当社が合理的に判断した場合

第4条(登録事項の変更)

登録ユーザーは、登録事項に変更があった場合、当社の定める方法により当該変更事項を遅滞なく当社に通知するものとします。

第5条(パスワード及びユーザー IDの管理)

1. 登録ユーザーは、自己の責任において、本サービスに関するパスワード及びユーザー ID を適切に管理及び保管するものとし、これを第三者に利用させ、または貸与、譲渡、名義変更、売買等をしてはならないものとします。

2. パスワードまたはユーザー ID の管理不十分、使用上の過誤、第三者の使用等によって生じた損害に関する責任は登録ユーザーが負うものとします。

第 4 項の(3)は、東京都暴力団排除条例などをふまえて規定したものです。反社会的勢力などとの関係を断ち切る旨を規約や契約の条項に入れておくことは、上場会社との取引や IPO・サービスの売却(事業譲渡)時においても求められます。

　第 4 項(4)(5)は、過去に問題を起こしたユーザーが別のアカウントを取得して再登録してきた際などに有効です。

　第 4 項の(6)は、登録を拒む必要のあるすべてのケースを具体的に列挙することはできないため、穴をカバーする目的で設けている条項です。このような条項を「バスケット条項」などといいます。カゴで「どさっ」とすくってしまうイメージです。なお、バスケット条項に関して、拒絶する範囲の特定が不十分であったり、ユーザーに過度に不利益な条件となっていると、消費者契約法などに基づいて無効となる可能性があります。詳しくは 2 章 15 を確認してください。

　登録されているメールアドレスが変更になるなど、ユーザーが当初登録した連絡先が更新されないためにウェブサービス事業者からの重要な連絡が行き届かなくなるケースがあります。そのような場合にトラブルとならないためにも、能動的な情報更新の義務をユーザーに対して課しておきます。

　ユーザーは、アカウントを「自分のもの」と考えて自由に処分できると考えがちです。しかし、アカウントごとに課金している場合、アカウントの共用は売上の減少を招いてしまいます。そもそも、アカウントの共用や譲渡は、セキュリティ上のトラブルの原因になる可能性もあります。

　そこで、これらをあらかじめ禁止するとともに、違反したことによって発生した事故はユーザーの自己責任となることを明記しておきます。

第6条（料金及び支払方法）

1. 登録ユーザーは、本サービス利用の対価として、別途当社が定め、当社ウェブサイトに表示する利用料金を、当社が指定する支払方法により当社に支払うものとします。

2. 登録ユーザーが利用料金の支払を遅滞した場合、登録ユーザーは年14.6％の割合による遅延損害金を当社に支払うものとします。

第7条（禁止事項）

登録ユーザーは、本サービスの利用にあたり、以下の各号のいずれかに該当する行為または該当すると当社が合理的に判断する行為をしてはなりません。

　(1) 法令に違反する行為または犯罪行為に関連する行為
　(2) 当社、本サービスの他の利用者またはその他の第三者に対する詐欺または脅迫行為
　(3) 公序良俗に反する行為
　(4) 当社、本サービスの他の利用者またはその他の第三者の知的財産権、肖像権、プライバシーの権利、名誉、その他の権利または利益を侵害する行為
　(5) 本サービスを通じ、以下に該当し、または該当すると当社が合理的に判断する情報を当社または本サービスの他の利用者に送信すること
　　・過度に暴力的または残虐な表現を含む情報
　　・コンピューター・ウィルスその他の有害なコンピューター・プログラムを含む情報
　　・当社、本サービスの他の利用者またはその他の第三者の名誉または信用を毀損する表現を含む情報

本条は、無料サービスの場合は不要な規定ですので、丸ごと削除し、以下条ズレを直して利用してください。

　第2項に定めた遅延損害金の料率の「14.6％」というのは、一見中途半端な数字のように見えるかもしれません。しかし、実は365で割ると「0.04」となり、日割り計算がしやすいことから、遅延損害金の割合として広く利用されています。

　一方、この14.6％という料率は、消費者契約法においても有効であると認められている上限です。逆にいうと、14.6％を超える遅延損害金の料率は、消費者と事業者の取引であるBtoCのサービスでは認められないため、注意が必要です。

　禁止事項においては、他者の権利侵害の禁止、犯罪行為の禁止など、一般的な事項だけでなく、サービス特有の禁止事項をできる限り網羅的、かつ具体的に列挙しておくことで、禁止事項違反に伴うアカウント停止などの措置をとりやすくなります。

　とはいえ、リリース段階ですべての禁止事項をピックアップし尽くすことは現実には困難です。そのため、「サービス運営を通じて問題が生じるごとに、禁止事項を見直していく」という姿勢が重要です。

・過度にわいせつな表現を含む情報

・差別を助長する表現を含む情報

・自殺、自傷行為を助長する表現を含む情報

・薬物の不適切な利用を助長する表現を含む情報

・反社会的な表現を含む情報

・チェーンメール等の第三者への情報の拡散を求める情報

・他人に不快感を与える表現を含む情報

(6) 本サービスのネットワークまたはシステム等に過度な負荷をかける行為

(7) 当社が提供するソフトウェアその他のシステムに対するリバースエンジニアリングその他の解析行為

(8) 本サービスの運営を妨害するおそれのある行為

(9) 当社のネットワークまたはシステム等への不正アクセス

(10) 第三者に成りすます行為

(11) 本サービスの他の利用者のIDまたはパスワードを利用する行為

(12) 当社が事前に許諾しない本サービス上での宣伝、広告、勧誘、または営業行為

(13) 本サービスの他の利用者の情報の収集

(14) 当社、本サービスの他の利用者またはその他の第三者に不利益、損害、不快感を与える行為

(15) 当社ウェブサイト上で掲載する本サービス利用に関するルール(https://.......)に抵触する行為

(16) 反社会的勢力等への利益供与

(17) 面識のない異性との出会いを目的とした行為

(18) 前各号の行為を直接または間接に惹起し、または容易にする行為

（15）は、利用規約とは別にルールを定めてリンクを張り、そちらにより具体的な禁止行為を明記しておくことで、機動的なメンテナンスが可能になり、またユーザーにとっても禁止事項がわかりやすくなるというメリットがあります。

(19) 前各号の行為を試みること

(20) その他、当社が不適切であると合理的に判断する行為

第8条（本サービスの停止等）

当社は、以下のいずれかに該当する場合には、登録ユーザーに
事前に通知することなく、本サービスの全部または一部の提供
を停止または中断することができるものとします。

(1) 本サービスに係るコンピューター・システムの点検また
は保守作業を緊急に行う場合

(2) コンピューター、通信回線等の障害、誤操作、過度なア
クセスの集中、不正アクセス、ハッキング等により本
サービスの運営ができなくなった場合

(3) 地震、落雷、火災、風水害、停電、天災地変などの不可抗
力により本サービスの運営ができなくなった場合

(4) その他、当社が停止または中断を必要と合理的に判断し
た場合

第9条（権利帰属）

1. 当社ウェブサイト及び本サービスに関する知的財産権は全
て当社または当社にライセンスを許諾している者に帰属し
ており、本規約に基づく本サービスの利用許諾は、当社ウェ
ブサイトまたは本サービスに関する当社または当社にライ
センスを許諾している者の知的財産権の使用許諾を意味す

(20)は、禁止事項におけるバスケット条項です。禁止事項のどれにも明確に該当しないケースで手詰まりにならないようにするために規定しておく必要が高い条項です。また、適切性の判断者を「当社」としておくことも、「ユーザーからのクレームを捌く」という観点では重要です。ただし、第3条の解説でも述べたとおり、バスケット条項で禁止する行為の特定が不十分であったり、ユーザーに過度に不利益な条件となっていると、消費者契約法などに基づいて無効となる可能性があります。詳しくは2章15を確認してください。

　ウェブサービスにおいては、サーバーに過度の負荷がかかった場合や、不正アクセスが発生した場合、メンテナンスが必要になった場合などに、サービスの中断、停止等をしなければならないことがよくあります。そのような場合に備えて、任意にサービスの提供を停止または中断できるようにしておくことが重要です。

　ユーザーからコンテンツの投稿を受け付ける場合、その中に第三者の権利を侵害しているものが紛れ込んでしまうことを完全に防ぐことはできません。しかし、そのような権利侵害コンテンツを放置していると、サービス運営者が権利者から対処を求められ、場合によっては訴訟を提起されてしまうリスクもあります。
　そのようなリスクを極力回避するため、第2項において、投稿コンテンツが第三者の権利を侵害していない旨について約束を取り付けています。なお、この点

るものではありません。

2. 登録ユーザーは、投稿データについて、自らが投稿その他送信することについての適法な権利を有していること、及び投稿データが第三者の権利を侵害していないことについて、当社に対し表明し、保証するものとします。

3. 登録ユーザーは、投稿データについて、当社に対し、世界的、非独占的、無償、サブライセンス可能かつ譲渡可能な使用、複製、配布、派生著作物の作成、表示及び実行に関するライセンスを付与します。また、他の登録ユーザーに対しても、本サービスを利用して登録ユーザーが投稿その他送信した投稿データの使用、複製、配布、派生著作物を作成、表示及び実行することについての非独占的なライセンスを付与します。

4. 登録ユーザーは、当社及び当社から権利を承継しまたは許諾された者に対して著作者人格権を行使しないことに同意するものとします。

第10条（登録抹消等）

1. 当社は、登録ユーザーが、以下の各号のいずれかの事由に該当する場合は、事前に通知または催告することなく、投稿データを削除もしくは非表示にし、当該登録ユーザーについて本サービスの利用を一時的に停止し、または登録ユーザーとしての登録を抹消することができます。

　（1）本規約のいずれかの条項に違反した場合

　（2）登録事項に虚偽の事実があることが判明した場合

　（3）支払停止もしくは支払不能となり、または破産手続開始、民事再生手続開始、会社更生手続開始、特別清算開始もしくはこれらに類する手続の開始の申立てがあった場

は禁止行為の規定と重複することになりますが、重要な規定であるため、あえて重ねて規定をしています。

　投稿されたコンテンツの著作権は、利用規約に何も規定していなければ、サービス運営者に移転したり、利用が許諾されたりすることはありません。そのため、ユーザーが投稿したコンテンツ等の情報をサービス運営者が利用するためには、(I)ユーザーから権利を譲り受けるか、(II)ユーザーから権利の利用について許諾を受ける必要があります。

　この点、第3項は、(II)の方針、つまり投稿データの権利について利用許諾を受けるという形で投稿データを利用する権利を確保しています。このような許諾を確保しておくことは、ユーザーの投稿を生成AIの学習用データとして利用する場合においても必要となります。

　禁止事項をはじめとするこの利用規約の定めるルールに違反したユーザーへの対応方法を定めていない場合、サービス運営者としては債務不履行責任、すなわち契約の解除か損害賠償の請求という対応しか取れないことになります。

　そして、契約の解除は軽微な違反へのペナルティとしては重すぎますし、ユーザーに対して損害賠償請求などをすれば、訴訟コストもさることながらサービスの評判が致命的に傷ついてしまうため、いずれにせよ現実的な対応ではありません。また、利用規約に違反してしまうのは、どちらかというと熱心なユーザーであることも多いため、軽微な違反をしただけでサービスから排除してしまうのはビジネスの面からも得策とは言えません。

　そのため、違反の重大性のレベルに応じて段階的にペナルティを設定する、アカウントを停止する場合も事前に通知して是正する猶予期間を与えるなどの、サービス運営者としてのビジネス上の工夫が求められます。

合

(4) 【6】ヶ月以上本サービスの利用がない場合

(5) 当社からの問い合わせその他の回答を求める連絡に対して【30日】間以上応答がない場合

(6) 第3条第4項各号に該当する場合

(7) その他、当社が本サービスの利用または登録ユーザーとしての登録の継続を適当でないと合理的に判断した場合

2. 前項各号のいずれかの事由に該当した場合、登録ユーザーは、当社に対して負っている債務の一切について当然に期限の利益を失い、直ちに当社に対して全ての債務の支払を行わなければなりません。

第11条(本サービスの利用期間及び退会)

1. 登録ユーザーの利用期間は、登録ユーザーが選択した当社所定の期間とします。

2. 登録ユーザーは、当社所定の退会手続きを完了することにより、利用期間満了をもって本サービスを解約することができます。当該満了時点において退会手続きを行っていない登録ユーザーの利用期間は、自動的に前項に定める期間と同一の期間で更新されます。

第12条(本サービスの内容の変更、終了)

1. 当社は、当社の都合により、本サービスの内容を変更し、または提供を終了することができます。

また、特に無料サービスの場合は、別アカウントを取って再入会することで容易にペナルティを回避できてしまう可能性があるため、登録条件においてペナルティを受けた際の再入会を禁止しておく必要もあります（第3条第4項(5)参照）。

　サブスクリプションサービスでは、ユーザーが月額プラン・年額プラン等提示されたプランの中から自分にあったものを選択して入会（契約）し、その後の利用期間はユーザーからの退会（解約）の意思表示がない限り、同じプランで自動更新とするのが一般的です。

　中途解約の場合に残存期間の利用料相当額を返金するか否かは、サービスによってスタンスが異なります。本ひな形では、中途解約の申し入れ（退会手続き）をした場合でも、当初ユーザーが選択した利用期間の満了時まで契約は有効とし（したがってサービスの利用も可能であり）、返金は行わないものという前提に立っています。

　返金の有無については、特定商取引法に基づく表示においても行う必要があります。特定商取引法に基づく表示のひな形12項も参照してください。

　サービス運営者の視点では、サービス運営者側の都合でサービス内容を変更したり、サービスを終了することができることは当然だと感じるかもしれません。しかし、特に熱心なユーザーがついているサービスについては、サービスの変更

2. 当社が本サービスの提供を終了する場合、当社は登録ユーザーに事前に通知するものとします。

第13条（保証の否認及び免責）

1. 当社は、本サービスが登録ユーザーの特定の目的に適合すること、期待する機能・商品的価値・正確性・有用性を有すること、登録ユーザーによる本サービスの利用が登録ユーザーに適用のある法令または業界団体の内部規則等に適合すること、第三者の知的財産権、肖像権、プライバシーの権利、名誉、その他の権利または利益を侵害しないこと、継続的に利用できること、及び不具合が生じないことについて、明示または黙示を問わず何ら保証するものではありません。

2. 当社は、当社に故意または重過失がある場合を除き、本サービスに関して登録ユーザーが被った損害につき、過去【12ヶ月】間に登録ユーザーが当社に支払った対価の金額を超えて賠償する責任を負わないものとします。

3. 本サービスまたは当社ウェブサイトに関連して登録ユーザーと他の登録ユーザーまたは第三者との間において生じた取引、連絡、紛争等については、登録ユーザーが自己の責任によって解決するものとします。

や終了が大きなクレームにつながってしまう可能性もあります。

　そこで本条において、サービス内容はサービス運営者が裁量を有することを前提に、「サービスの変更や終了は自由であり、サービス運営者が自由に行える」旨を明確にしています。

　もっとも、ユーザーが有償で購入したポイントが残っている場合や、未消化の支払い済みの代金がある場合など、サービスの終了によりユーザーの権利を侵害する可能性がある場合は、終了にあたって慎重な対応が必要です。また、有償で購入させたポイントについて資金決済法の適用を受ける場合は、同法の関係も確認する必要があります。

　消費者契約法では、事業者の債務不履行により生じた損害のすべてを免責する条項や、事業者に故意または重過失がある場合の損害賠償責任の一部を免除する条項（損害賠償額の上限を設けたり、範囲を直接生じた通常の範囲の損害に限定するような条項）が無効であるとされています。そのため、「当社は一切責任を負いません」という免責規定は無効となる場合があります。その点をふまえて、サービス運営者の責任について利用規約にどう書いておくのがいいかは、難しい問題です。

　本条では、第1項でサービス運営者が責任を負わない範囲を明確にしたうえで、第2項で例外的に責任を負う場合でも、その上限を明確に規定しています。

　無料サービスの場合は、第2項で定められている上限金額「過去【12ヶ月】間に登録ユーザーが当社に支払った対価」が存在しません。そのため、代わりに比較的低額な固定額（1万円など）を損害賠償の上限金額として設定したり、そもそも上限金額の定めは設けないこともあります。

　なお、本書の初版及び第2版のひな形において、第2項を「当社は、本サービスに関して登録ユーザーが被った損害につき、過去【12ヶ月】間に登録ユーザーが当社に支払った対価の金額を超えて賠償する責任を負わないものとし、また、付随的損害、間接損害、特別損害、将来の損害及び逸失利益にかかる損害については、賠償する責任を負わないものとします。」と定めたうえで、第19条の分離可能性条項を適用することでユーザーが消費者の場合であっても消費者契約法上無効とならないような仕組みを導入していました。しかし、2022年に消費者契約法が改正され、ある条項が強行法規に反し全部無効となる場合に、その

第14条（秘密保持）

登録ユーザーは、本サービスに関連して当社が登録ユーザーに対して秘密に取扱うことを求めて開示した非公知の情報について、当社の事前の書面による承諾がある場合を除き、秘密に取扱うものとします。

第15条（利用者情報の取扱い）

1. 当社による登録ユーザーの利用者情報の取扱いについては、別途当社プライバシーポリシー（https://www…）の定めによるものとし、登録ユーザーはこのプライバシーポリシーに従って当社が登録ユーザーの利用者情報を取扱うことについて同意するものとします。

2. 当社は、登録ユーザーが当社に提供した情報、データ等を、個人を特定できない形での統計的な情報として、当社の裁量で、利用及び公開することができるものとし、登録ユーザーはこれに異議を唱えないものとします。

条項の効力を強行法規によって無効とされない範囲に限定しようとするサルベージ条項に規制が加えられたことで、このような仕組みは無効となる可能性があります。そのため、本ひな形では第2項による免責範囲を「当社に故意または重過失がある場合を除き」(＝軽過失の場合)に限定しています。詳しくは2章15を確認してください。

　通常のサービスでは、サービス運営者はユーザーに秘密情報を開示することはないため、秘密保持に関する規定の必要性はあまり感じないかもしれません。しかし、ユーザーとの間でトラブルが発生したときに、そのやりとりについて秘密に取扱ってもらいたいという場合には、このような規定が定められていると役に立つ場合があります。

　たとえば、あるユーザーとトラブルになった場合に、結局サービス運営者がそのユーザーには特別な取り計らいをして和解することがあります。そのような場合に、一連の経緯をSNSなどで公表されてしまうと、サービス運営者はほかのユーザーにも同様の取扱いを余儀なくされてしまう可能性が生じます。本条のような規定を設けていると、そのような場面で秘密に取扱うことをユーザーに義務付ける際の根拠となるのです。

　サービス運営者からユーザーが受領する情報としては、個人情報を含む利用者情報があります。利用者情報の取扱いはプライバシーポリシーに定めることが一般的ですが、明確に「同意」を得る利用規約と、明示しておくだけの場合があるプライバシーポリシーとの関係を結びつける意味を持たせるため、プライバシーポリシーについても、本規約の一部としてユーザーの明確な同意を得るべく、前記のような規定を設けておくことが考えられます。

第16条（本規約等の変更）

1. 当社は、当社が必要と認めた場合に、本規約を変更できるものとします。

2. 本規約を変更する場合、変更後の本規約の施行時期及び内容を当社ウェブサイト上での掲示その他の適切な方法により周知し、または登録ユーザーに通知します。

3. 法令上登録ユーザーの同意が必要となる本規約の変更を行う場合、当社は、当社所定の方法で登録ユーザーの同意を得るものとします。

4. 第11条により登録ユーザーが利用期間を更新した場合には、前項の同意があったものとみなします。

第17条（連絡／通知）

1. 本サービスに関する問い合わせその他登録ユーザーから当社に対する連絡または通知、及び本規約の変更に関する通知その他当社から登録ユーザーに対する連絡または通知は、当社の定める方法で行うものとします。

2. 当社が登録事項に含まれるメールアドレスその他の連絡先に連絡または通知を行った場合、登録ユーザーは当該連絡または通知を受領したものとみなします。

第18条（サービス利用契約上の地位の譲渡等）

1. 登録ユーザーは、当社の書面による事前の承諾なく、利用契約上の地位または本規約に基づく権利もしくは義務につき、第三者に対し、譲渡、移転、担保設定、その他の処分

利用規約の変更を行う際には、可能であればすべてのユーザーから変更について同意を取ったほうがいいのですが、サービス設計やユーザーとの関係で、そのような対応が現実的ではないというケースも少なくありません。

　しかし、利用規約はサービス運営者とユーザーとの間の合意内容である以上、突然一方的に変更するのではなく、少なくともユーザーには利用規約の変更について通知を行ったうえで、一定期間経過後に変更を行うといった配慮は必要です。

　また、2章07でも説明したとおり、民法では定型約款の変更に関する規定も追加されました。具体的には、相手方の利益に資するような変更や、そうでなくても定型約款の変更が契約の目的に反することなく、かつ変更内容が合理的である場合には、相手方の同意を得ることなく定型約款を変更できる旨が定められています。

　本ひな形は、サブスクリプション・SaaS型のサービスを想定し、「契約期間の更新時に、更新時点の最新バージョンの契約条件（利用料等）に同意したものとみなす」旨を定めているのがポイントです。

　ユーザーが、問い合わせに対する回答等の手段として電話の利用や面談等を要望してくる場合において、事業者として効果的・効率的な連絡／通知方法を優先したいときは、このような規定があると有効です。

　登録ユーザーが、ユーザーとしての地位を自由に譲渡できてしまうと、ユーザー管理の面で非常に不都合です。このような規定がない場合であっても、日本法の下では、契約上の地位の移転には契約の相手方の同意が必要ではあるのですが、第1項のように利用規約においても確認的に明記することが一般的です。

をすることはできません。

2. 当社は本サービスにかかる事業を他社に譲渡した場合には、当該事業譲渡に伴い利用契約上の地位、本規約に基づく権利及び義務並びに登録ユーザーの登録事項その他の顧客情報を当該事業譲渡の譲受人に譲渡することができるものとし、登録ユーザーは、かかる譲渡につき本項において予め同意したものとします。なお、本項に定める事業譲渡には、通常の事業譲渡のみならず、会社分割その他事業が移転するあらゆる場合を含むものとします。

第19条（分離可能性）

本規約のいずれかの条項またはその一部が、法令等により無効または執行不能と判断された場合であっても、本規約の残りの規定及び一部が無効または執行不能と判断された規定の残りの部分は、継続して完全に効力を有するものとします。

第20条（準拠法及び裁判管轄）

1. 本規約及びサービス利用契約の準拠法は日本法とします。
2. 本規約またはサービス利用契約に起因し、または関連する一切の紛争については、東京地方裁判所を第一審の専属的合意管轄裁判所とします。

【●年●月●日制定】
【●年●月●日改定】

他方、サービス運営者としては、M & A や事業譲渡により、サービスの運営主体を第三者に移転させる必要が生じる可能性があります。その場合に、契約の相手方であるユーザーひとりひとりから移転について同意をとることは現実的ではありません。

　そこで、第 2 項のように、サービス運営者が事業譲渡などを行う場合には、サービス運営者は契約上の地位を事業の譲受人に移転させることができる旨、及び、ユーザーがかかる契約上の地位を移転させることについてあらかじめ同意する旨を利用規約に規定しておくことが望ましいと考えます。実際、買収側で事業に関する契約や規約を法務的な観点からチェックする際も、このような規定が入っていると「買収を円滑に進めることができるな」と安心します。

　本条は専門的な条文ですが、「万が一利用規約の条項の一部が無効と判断されるような事態となったとしても、利用規約のその他の条項まで無効となるわけではない」ということを明記して、防御することを狙ったものです。

　世界中から利用できるウェブサービスの世界において、準拠法や裁判管轄をどこにするかは、厳密に言えば定め方によっては法的効力が及ばないケースも発生しうるため悩ましい問題ですが、原則としては、サービス運営者の本店所在地を基準とするのが一般的です。

利用規約

02 プライバシーポリシーのひな形

【会社の正式な商号】(以下「当社」といいます。)は、当社の提供するサービス(以下「本サービス」といいます。)における、ユーザーについての個人情報を含む利用者情報の取扱いについて、以下のとおりプライバシーポリシー(以下「本ポリシー」といいます。)を定めます。

---

1. 収集する利用者情報及び収集方法

本ポリシーにおいて、「利用者情報」とは、ユーザーの識別に係る情報、通信サービス上の行動履歴、その他ユーザーまたはユーザーの端末に関連して生成または蓄積された情報であって、本ポリシーに基づき当社が収集するものを意味するものとします。本サービスにおいて当社が収集する利用者情報は、その収集方法に応じて、以下のようなものとなります。

(1) ユーザーからご提供いただく情報

　　本サービスを利用するために、または本サービスの利用を通じてユーザーからご提供いただく情報は以下のとおりです。

　　・氏名、生年月日、性別、職業等プロフィールに関する情報
　　・メールアドレス、電話番号、住所等連絡先に関する情報
　　・クレジットカード情報、銀行口座情報、電子マネー情報

個人情報保護法上の個人情報に限定せず、パーソナルデータを含む利用者情報についての取扱いポリシーであることを宣言しています。

ウェブサービスを提供するにあたってユーザーから収集する情報を、その収集方法によって分類して明示します。

本ひな形では、一般的なウェブサービスで収集する情報項目を列挙したうえで、[ ]内に2章のPrologueで起業家が構想する、自分のアバターをウェブ上で作れる生成AI関連サービスを想定した項目を加えています。

等決済手段に関する情報

・[ユーザーの肖像や動作を含む静止画情報、動画情報]

・[ユーザーの声紋を含む音声情報]

・入力フォームその他当社が定める方法を通じてユーザー
　が入力または送信する情報

(2) ユーザーが本サービスの利用において、他のサービスと連
　　携を許可することにより、当該他のサービスからご提供い
　　ただく情報

　　ユーザーが、本サービスを利用するにあたり、ソーシャ
　ルネットワーキングサービス等の他のサービスとの連携を
　許可した場合には、その許可の際にご同意いただいた内容
　に基づき、以下の情報を当該外部サービスから収集します。

・当該外部サービスでユーザーが利用する ID

・その他当該外部サービスのプライバシー設定によりユー
　ザーが連携先に開示を認めた情報

(3) ユーザーが本サービスを利用するにあたって、当社が収集
　　する情報

　　当社は、本サービスへのアクセス状況やそのご利用方法
　に関する情報を収集することがあります。これには以下の
　情報が含まれます。

・リファラ

・IP アドレス

・サーバーアクセスログに関する情報

・Cookie、ADID、IDFA その他の識別子（以下「Cookie 等」
　といいます。）

プライバシーポリシー

（4）ユーザーが本サービスを利用するにあたって、当社がユーザーの個別同意に基づいて収集する情報

　　当社は、ユーザーが個別に同意した場合、以下の情報を利用中の端末から収集します。

・位置情報

2. 利用目的

本サービスのサービス提供にかかわる利用者情報の具体的な利用目的は以下のとおりです。

（1）本サービスに関する登録の受付、本人確認、ユーザー認証、ユーザー設定の記録、利用料金の決済計算等本サービスの提供、維持、保護及び改善のため

（2）ユーザーのトラフィック測定及び行動測定のため

（3）［本サービス内で表示される生成物を生成するため］

（4）広告の配信、表示及び効果測定のため

（5）本サービスに関するご案内、お問い合わせ等への対応のため

（6）本サービスに関する当社の規約、ポリシー等（以下「規約等」といいます。）に違反する行為に対する対応のため

（7）本サービスに関する規約等の変更などを通知するため

3. 提携先及び情報収集モジュール提供者への提供

3-1　本サービスでは、以下の提携先が、Cookie等を利用して利用者情報を蓄積及び利用している場合があります。

プライバシーポリシーは、1社につき1つしか設けていないケースも少なくありません。しかし、収集した個人情報が、サービスごとに違う目的で利用されるケースも少なくありません。例えば、メールアドレスについて、サービスAではカスタマーサポートの目的のみで収集・利用しているが、サービスBでは広告メールの配信を目的に収集・利用するケースなどが挙げられます。

　そのため、複数のサービスを運営している会社であれば、サービスごとにプライバシーポリシーを分けて規定または作成したほうがわかりやすくなる場合もあります。

　また、会社はユーザーの個人情報のみならず、株主の個人情報、従業員の個人情報などを保有していることから、それぞれの個人情報の利用目的に適応するように、別々にプライバシーポリシーを定めることも考えられます。

　ウェブサイトやスマートフォンアプリなどにCookieの仕組みや情報収集モジュールを組み込む場合、このような規定を設け、Cookieや情報収集モジュールによる情報の外部送信の実態を明らかにすることが義務付けられました。

(1)提携先	
(2)蓄積及び利用される利用者情報の項目	
(3)当社の利用目的	
(4)上記提携先のプライバシーポリシーのURL	
(5)上記提携先のオプトアウト(無効化)URL	

3-2　本サービスには以下の情報収集モジュールが組み込まれています。これに伴い、以下のとおり情報収集モジュール提供者への利用者情報の提供を行います。

(1)情報収集モジュールの名称	
(2)情報収集モジュール提供者	
(3)提供される利用者情報の項目	
(4)提供の手段・方法	
(5)上記情報収集モジュール提供者における利用目的	
(6)上記情報収集モジュール提供者における第三者提供の有無	
(7)上記情報収集モジュール提供者のプライバシーポリシーのURL	
(8)上記情報収集モジュール提供者のプライバシーポリシーのURL	

多くのウェブサービスで、アクセス解析のために Google アナリティクスが利用されています。同サービスの利用規約では、次のような記載がありますので、本項において、Google から開示を求められている事項を記載するとよいでしょう。[1]

> お客様はプライバシーポリシーを公開し、Cookie、モバイルデバイスの識別子（例 :Android の広告 ID、iOS の広告 ID）、またはデータの収集に使われる類似技術の使用について、そのプライバシーポリシーで通知する必要があります。また、Google アナリティクスの使用と、Google アナリティクスでデータが収集および処理される仕組みについても開示する必要があります。こうした情報は、「Google のサービスを使用するサイトやアプリから収集した情報の Google による使用」のサイト（www.google.com/policies/privacy/partners/ や、Google が随時提供するその他の URL）へのリンクを目立つように表示することで開示できます。お客様は、ユーザーのデバイス上で Cookie やその他の情報を保存およびアクセスすることについて、かかるアクティビティが本サービスに関連して発生し、その情報の提供とユーザーからの同意が法律で義務付けられている場合には、かかるアクティビティについてユーザーに明確かつ包括的な情報を提供し、同意を得るための商業上合理的な努力を払うものとします。

また、提携先や情報収集モジュール提供者が外国にある第三者に該当する場合で、外部送信する利用者情報が別途自社が管理する個人情報と紐付けられているときは、Cookie 等や情報収集モジュールの利用が「外国にある第三者への個人情報の提供」に該当し、本人の同意も必要となります。そのため、プライバシーポリシーに以下のような記載を補充し、リンク先に日本の個人情報の保護に関する制度と比較して、当該国・地域への個人データの越境移転に伴い、本人の権利利益に重大な影響を及ぼす可能性のある制度の有無に関する情報を提供するページを作成しておくことで同意の判断材料を提供する対応が実務として行われています。

> 提供先には、お客様のお住まいの国または地域以外の国または地域にある委託先、グループ会社などの第三者を含みます。提供先の事業者の所在国または地域は以下のとおりです。

---

1 https://marketingplatform.google.com/about/analytics/terms/jp/

4. 第三者提供

4-1　当社は、利用者情報のうち、個人情報については、あらかじめユーザーの同意を得ないで、第三者に提供しません。但し、次に掲げる必要があり第三者に提供する場合はこの限りではありません。

　　(1)　当社が利用目的の達成に必要な範囲内において個人情報の取扱いの全部または一部を委託する場合

　　(2)　合併その他の事由による事業の承継に伴って個人情報が提供される場合

　　(3)　第3項の定めに従って、提携先または情報収集モジュール提供者へ個人情報が提供される場合

　　(4)　その他、個人情報の保護に関する法律(以下「個人情報保護法」といいます。)その他の法令で認められ

・英国及び欧州経済領域
・欧州委員会が十分な保護水準を確保していると認定している国または地域
・APECによる越境個人情報保護に係る枠組み（CBPRシステム）の加盟国
・その他（A国、B国、C国）

　これら提供先の第三者が所在する国または地域のパーソナルデータの保護に関する制度の情報は「各国の個人情報の保護に関する制度」（https://.......）をご覧ください。

　提携先や情報収集モジュール提供者を頻繁に変更することが予想される場合、この「3. 提携先及情報収集モジュール提供者への提供」の記載内容をプライバシーポリシーとは別のページにまとめて都度更新できるようにし、プライバシーポリシー内にはそのリンクを掲載するにとどめることで、プライバシーポリシー自体の頻繁な改定を回避するのも一案です。

　個人情報の第三者提供は原則として行わないこととしつつ、委託先への開示、事業承継、提携先や情報送信モジュール提供者への提供、その他法令による場合を例外として明示しています。

　個人情報保護法では、一定事項を明示し、個人情報保護委員会に届出を行うことにより、個人情報を第三者に提供できるとする、いわゆる「オプトアウト」も認められています。しかし、オプトアウトでは、事前に本人の同意を得ずに個人情報を第三者に提供してしまうことにつき、ユーザーから強い抵抗を受ける可能性が高いことから、ウェブサービスの実務ではあまり利用されていません。

る場合

4-2　当社は、個人情報を第三者に提供したときは、記録の作成及び保存を行います。

4-3　当社は、第三者から個人情報の提供を受けるに際しては、必要な確認を行い、当該確認にかかる記録の作成及び保存を行うものとします。

---

5. 安全管理措置

5-1　当社は、利用者情報の漏えい、滅失または毀損の防止その他の利用者情報の安全管理のために、必要かつ適切な措置を講じています。

5-2　当社は、利用者情報のうち個人情報の取扱いを第三者に委託する場合には、当社が定める委託先選定基準を満たす事業者を選定し、委託契約を締結した上で定期的に報告を受ける等の方法により、委託先事業者による個人情報の取扱いについて把握しています。

5-3　当社が講じる安全管理措置の具体的な内容については、本プライバシーポリシーに記載の当社のお問合せ窓口にお問い合わせください。

個人情報保護法では、保有個人データの安全管理のために講じた措置を、本人の知り得る状態（本人の求めに応じて、遅滞なく回答する場合を含む）に置くことが求められています。そのため、プライバシーポリシーに自社が採用する安全管理措置の内容を記載する例が多く見られます。

　しかし、安全管理措置の内容は企業ごとに異なってきます。加えて、自社が採用している安全管理措置について、どこまで具体的に・細かく記載すべきかについては、「個人情報の保護に関する法律についてのガイドライン（通則編）」3-8-1[2]などを参照した上で、企業ごとに検討することになります。例えば、プライバシーポリシーの中に以下のような表組で示す方法も、検討の余地があります。

> 　当社の保有個人データに関する具体的な安全管理措置の内容は、以下のとおりです。
>
> | 基本方針の策定 | 個人データの適正な取扱いの確保のため、「関係法令・ガイドライン等の遵守」、「質問及び苦情処理の窓口」等についての基本方針として、本プライバシーポリシーを策定 |
> |---|---|
> | 個人データの取扱いに係る規律の整備 | 取得、利用、保存、提供、削除・廃棄等の段階ごとに、取扱方法、責任者・担当者及びその任務等について個人データの取扱規程を策定 |
> | 組織的安全管理措置 | 1)個人データの取扱いに関する責任者を設置するとともに、個人データを取り扱う従業者及び当該従業者が取り扱う個人データの範囲を明確化し、法や取扱規程に違反している事実又は兆候を把握した場合の責任者への報告連絡体制を整備
2)個人データの取扱状況について、定期的に自己点検を実施するとともに、他部署や外部の者による監査を実施 |

2　https://www.ppc.go.jp/personalinfo/legal/guidelines_tsusoku/#a3-8-1

6. 個人情報の開示等の請求

6-1 当社は、ユーザーから、個人情報保護法の定めに基づき
保有個人データの利用目的の通知、保有個人データ又は
第三者提供の記録の開示、保有個人データの内容の訂
正・追加・削除、保有個人データの利用の停止・消去・第三
者提供の停止のご請求（あわせて以下「個人情報の開示
等の請求」といいます。）があった場合は、ユーザーご本
人からのご請求であることを確認した上で、当社所定の
手続きに従い、遅滞なくこれらに対応いたします。

人的安全管理措置	1）個人データの取扱いに関する留意事項について、従業者に定期的な研修を実施 2）個人データについての秘密保持に関する事項を就業規則に記載
物理的安全管理措置	1）個人データを取り扱う区域において、従業者の入退室管理及び持ち込む機器等の制限を行うとともに、権限を有しない者による個人データの閲覧を防止する措置を実施 2）個人データを取り扱う機器、電子媒体及び書類等の盗難又は紛失等を防止するための措置を講じるとともに、事業所内の移動を含め、当該機器、電子媒体等を持ち運ぶ場合、容易に個人データが判明しないよう措置を実施
技術的安全管理措置	1）アクセス制御を実施して、担当者及び取り扱う個人情報データベース等の範囲を限定 2）個人データを取り扱う情報システムを外部からの不正アクセス又は不正ソフトウェアから保護する仕組みを導入
外的環境の把握	個人データを保管しているA国における個人情報の保護に関する制度を把握した上で安全管理措置を実施

　本プライバシーポリシーひな形では、安全管理措置の詳細をプライバシーポリシーの中に記載して固定的なものとするよりも、企業規模の拡大や運用実態に応じ適宜見直し・改善していくことが望ましいとする立場から、詳細についてはお問い合わせ窓口に尋ねるよう案内するにとどめています。実際に問い合せが入った場合には、遅滞なく（目安として数日内に）回答できるよう、別途文書化しておくことが必要です。

　個人情報取扱事業者は、ユーザー本人からの保有個人データの利用目的の通知、保有個人データまたは第三者提供記録の開示、保有個人データの訂正・追加・削除、保有個人データの利用停止・消去・第三者提供の停止の請求を受け付ける手続きを定め、さらに保有個人データの利用目的の通知並びに保有個人データ及び第三者提供記録の開示の請求については、本人から徴収する手数料を定めることができます。この開示等の請求を受け付ける手続きや手数料については、本人の知り得る状態（本人の求めに応じて、遅滞なく回答する場合を含む）におかなければなりません。

　これに対応すべく、以下の事項をプライバシーポリシーにあらかじめ記載しているケースも少なくありません。

6-2 利用目的の通知、保有個人データ又は第三者提供の記録
の開示につきましては、手数料として【ご請求1件につ
き1,000円（消費税別）】をお支払いいただきます。

6-3 個人情報の開示等の請求の具体的な方法については、本
プライバシーポリシーに記載の当社のお問い合わせ窓
口にお問い合わせください。

7. お問い合わせ窓口

本サービスに対するご意見、ご質問、苦情のお申出その他利用
者情報の取扱いに関するお問い合わせは、下記の窓口までお願
いいたします。

住所：〒●

株式会社●

代表者名：●

個人情報取扱責任者：●

お問い合わせ窓口：●

8. プライバシーポリシーの変更手続

当社は、必要に応じて、本ポリシーを変更します。但し、法令上
ユーザーの同意が必要となるような本ポリシーの変更を行う場
合、変更後の本ポリシーは、当社所定の方法で変更に同意した

（a）当該個人情報取扱事業者の氏名または名称及び住所
（b）すべての保有個人データの利用目的
（c）個人情報の開示等の請求に応じる手続
（d）保有個人データの安全管理のために講じた措置
（e）保有個人データの取扱いに関する苦情の申出先

　しかしながら、これらの項目をすべてプライバシーポリシーに記載すると、この部分だけでもプライバシーポリシーが長く複雑な文書になってしまいますし、細かな事務手続きを変更するだけで改定手続きが必要にもなってしまいます。

　そのような事態を避けるため、本ひな形では、個人情報の開示等の請求を受け付けるにあたっては、遅滞なく対応すること、及び手数料を徴収することについて明示した上で、詳細についてはお問い合わせ窓口に尋ねるよう案内するにとどめています。実際に問合せが入った場合には、遅滞なく（目安として数日内に）回答する必要がありますので、注意してください。

　ユーザーの問い合わせ対応を一元化し、またユーザーに安心感を与えるために、窓口と連絡先を明示します。

　個人情報保護法では、利用目的・開示請求等手続・安全管理措置等に加えて、個人情報取扱事業者の氏名・名称及び住所と苦情の申出先も、公表しておくべきことになっています。その観点からも記載が必要です。

　ただし、特定商取引法に基づく表示とは異なり、電話番号の記載は法定事項ではありません。実際に連絡がとれる連絡先や方法（メールアドレスや問合せ専用フォームへのリンク）を記載しておきましょう。

　民法の定型約款の変更に関する規定では、相手方の利益に資するような変更や、そうでなくても定型約款の変更が契約の目的に反することなく、かつ変更内容が合理的である場合には、相手方の同意を得ることなく定型約款を変更できる旨が定められています（民法第548条の4）。

ユーザーに対してのみ適用されるものとします。なお、当社は、
本ポリシーを変更する場合には、変更後の本ポリシーの施行時
期及び内容を当社のウェブサイト上での表示その他の適切な方
法により周知し、またはユーザーに通知します。

【●年●月●日制定】
【●年●月●日改定】

プライバシーポリシーがこの定型約款に該当する場合には、変更後のプライバシーポリシーの効力発生時期を定めるとともに、変更する旨とその内容をウェブサイト上での掲載等の方法で周知する方法により、変更内容が有効となります。ただし、その場合であっても、定型約款の変更に際して同意取得が必要なとき（たとえば、ユーザーの不利益になる変更を行うときなど）や、個人情報保護法の定めにより本人の同意取得が必要なとき（たとえば、利用目的の重大な変更などを行うときや、個人データの第三者提供を新たに行うとき）には、個別同意の取得が必要です。

03 特定商取引法に基づく表示のひな形

1. 事業者の名称：

株式会社●●

2. 代表者または通信販売に関する業務の責任者の氏名：

●●

3. 住所：

東京都港区●●x-x-x

4. 電話番号：

03-xxxx-xxxx

この特定商取引法に基づく表示のひな型は、「サブスクリプションモデル」でインターネットサービスを提供する場合を想定したものです。EC サイトで商品の販売をする場合の特定商取引法に基づく表示の留意点は、適宜各項目の解説のところに記載していますが、そのような場合は、主に、①引き渡し時期、②返品に関する規定、③送料等の別途かかる費用に関する規定について、特に留意する必要があります。

　事業者の名称として、以下を表示する必要があります。

・法人の場合　⇒　商業登記簿上の商号
・個人が営んでいる場合　⇒　戸籍名

　通称や屋号（●●屋など）、ウェブサービスの名称などでは不十分です。

　個人の場合は不要です。
　また、業務責任者については、役職や代表権の有無は問われません。

　現に活動している住所を記載する必要があります。
　私書箱住所などでは不十分です。
　登記や住民票の住所と現に活動している住所とが異なる場合は、登記や住民票の住所でなく、現に活動している住所を記載することになります。

　特にスタートアップ企業や個人事業主の場合、電話で問い合わせなどを受けたくないケースもあるかもしれませんが、「確実に連絡が取れる電話番号」の記載は、原則として必要となっています。
　実務上は、電話番号だけでなくメールアドレスや問い合わせフォームの URL も併記し、そちらへ問い合わせを誘導することにより、電話による問い合わせを

5. メールアドレス:

xxxxx@xxxxxx.com

6. サービスの提供期間:

月額プラン: 利用期間開始日から1か月間

できる限り減らすという対応が取られることもあります。もっとも、住所や電話番号を含む一定の事項については、その記載を省略することも、例外として認められています。詳細は、1章03をご参照ください。

　また、プラットフォーム上で出店している個人事業者やバーチャルオフィスを利用している事業者については、以下のような場合には、当該個人事業者がプラットフォーム事業者の住所及び電話番号や、バーチャルオフィス事業者の住所及び電話番号を表示する形としても、特定商取引法の要請を満たすものと考えられています[1]。

① 当該事業者の通信販売に係る取引の活動が、当該プラットフォーム事業者の提供するプラットフォーム上で行われること
② 当該プラットフォーム事業者又は当該バーチャルオフィスの住所及び電話番号が、当該事業者が通信販売に係る取引を行う際の連絡先としての機能を果たすことについて、当該事業者と当該プラットフォーム事業者又は当該バーチャルオフィス運営事業者との間で合意がなされていること
③ 当該プラットフォーム事業者又は当該バーチャルオフィス運営事業者は、当該事業者の現住所及び本人名義の電話番号を把握しており、当該プラットフォーム事業者又は当該バーチャルオフィス運営事業者と当該事業者との間で確実に連絡が取れる状態となっていること

　ただし、事業者、プラットフォーム事業者又はバーチャルオフィス運営事業者のいずれかが不誠実であり、消費者から連絡が取れないなどの事態が発生する場合には、特定商取引法上の表示義務を果たしたことにはなりませんので注意が必要です。

　電子メールで広告を行う場合には、メールアドレスの記載が必要です。

　月額や年額で費用が発生し、その後は特にユーザーからの解約の意思表示がない限り自動更新となる場合、左記のように、その提供期間、提供条件を規定

1　https://www.no-trouble.caa.go.jp/qa/advertising.html Q18

年額プラン：利用期間開始日から1年間

なお、いずれのプランも、当社の定める方法によりご解約いた
だかない限り、自動更新となります。

7. 利用料金：

各プランの申込みページにて記載されている料金（税込み）とな
ります。

8. 対価以外に必要となる費用：

インターネット接続料金その他の電気通信回線の通信に関する
費用はお客様にて別途ご用意いただく必要があります（金額は、
お客様が契約した各事業者が定める通り）。

9. 支払方法：

クレジット決済

iOSアプリケーションにてお支払いいただく場合、App Storeに
てお支払いいただきます。

Androidアプリケーションにてお支払いいただく場合、Google
Playにてお支払いいただきます。

10. 支払時期：

サービスのご利用開始時に、お客様が選択された期間分の利用

することになります。

利用料については商品やサービスによって異なることが多いため、申込みまでの遷移画面に表示する利用料を参照するのが一般的です。もちろん、料金体系が単純なケースでは、この欄に金額を書くこともあります。

インターネットでの情報提供サービスでは、先のように通信に関する費用を記載しておけば足ります。

他方で、商品の販売の場合は、送料や梱包料など、購入者が負担するのが当然な負担以外の費用をすべて記載します。

金額を記載するのが原則ですが、送料についてはサイズ、送付先によって異なるため、発送元地域、重量、サイズなどを明確にしたうえで、利用する運送会社の料金表のページにリンクを張ることも認められています。

また、対価と同様に、「購入ページで表示する」という記載も有効です。

ほかに支払方法があるにもかかわらず、一部の支払方法しか記載しないようなことは認められません。

サブスクリプションサービスでは自動更新が基本になるため、初回支払だけでなく、更新時の支払時期についての記載も必要になります。

料金を先払いにてお支払いいただきます。

当該お支払いにかかるご利用期間終了の24時間前までに当社所定の方法によりご解約いただかない限り、サービスは自動更新となり、更新期間満了時までに同一期間分の利用料金（更新日時点で料金が改定される場合は、改定後の利用料金）をお支払いいただくものとし、以後も同様となります。

無料体験期間が設定されているプランの場合、無料体験期間の終了の24時間前までに当社所定の方法によりご解約いただかない限り、無料体験期間の終了と同時に自動的に利用料金の支払いが発生いたします。

なお、実際のお客様の銀行口座からの引き落とし日は、ご利用のクレジットカード（App StoreやGoogle Playについては、それらのアカウントに登録されたクレジットカード）の締め日や契約内容により異なります。ご利用されるカード会社までお問い合わせください。

11. サービス提供の時期:

当社所定の手続き終了後、直ちにご利用いただけます。

また、無料体験期間を設定する場合は、通常時とは異なる支払時期が設定されることになるため、支払時期を別途記載する必要が生じます。

　決済完了後、すぐに利用できるようになるデジタルコンテンツやウェブサービスについては、「代金決済手続きの完了確認後直ちに」という記載をするのが一般的です。
　他方で、EC サイトで商品を販売するような場合は、以下のような記載になります。

【クレジットカード】
クレジットカード利用の承認が下りた後、○○日以内に発送します。
【コンビニ決済】
代金入金確認次第、すみやかに商品を発送します。

　「直ちに」「すみやかに」「○○日以内」といった形で期限を示す必要があるため、単に「代金決済手続きの完了後発送」だけでは不十分です。

12. サービスの申込みの撤回・解除に関する事項:

本サイトで販売するサービスについては、サービスの性質上、購入手続完了後のお申込みの撤回をお受けいたしません。
利用期間開始後の期間中の解約のお申し出はいつでも可能ですが、その解約の効力は利用期間満了時において発生するものとします。解約のお申し出をいただいた後から解約の効力が発生するまでの期間については、お客様の利用の有無にかかわらず、返金は致しません。

13. 推奨動作環境:

Windows
OS:Windows ● 以降
ブラウザ:Google Chrome最新版、Microsoft Edge最新版、Mozilla Firefox最新版のいずれか

Mac
OS:OS X ● 以降
ブラウザ:Google Chrome最新版、Mozilla Firefox最新版、Safari最新版のいずれか

iOS
OS:iOS ● 以降、iPadOS ● 以降
アプリバージョン:AppStoreで提供している最新バージョン

Android
OS:Android OS ● 以降

通信販売においては、返品を受け付けないことを明示しない場合、購入者は、商品到着後 8 日以内であれば、申込みをキャンセル、または契約を解除し、商品を返品することで返金を求めることができます。ただし、クーリングオフと異なり、特約を明示しておくことにより、返品が認められなくなります。

　さらに、サブスクリプションサービスについては、期間中の解約を認めるのか否か、認めた場合の利用料金の返金についてはどうなるのかを、ユーザーにわかりやすく記載しておく必要があります。

　ソフトウェアに関する取引を行う場合は、以下のようなソフトウェアを動かす端末側の動作環境を明示する必要があります（ソフトウェアに関する取引を行わない場合は記載不要です）。

・OSの種類
・CPUの種類
・メモリの容量
・ハードディスクの空き容量

アプリバージョン：Google Playで提供している最新バージョン

---

14. 特別条件：

本サービスは、特定商取引法に規定されるクーリングオフが適用されるサービスではありません。

お申込順に人数限定でご利用いただけるサービスを提供する場合があります。

上記項目に当てはまらない特別条件を付記します。

　サブスクリプションサービスの場合、クーリングオフが適用されないことを積極的に表示する例もあります。

　数量限定販売や特定の条件を満たす顧客限定のサービスを提供するような場合には、その条件を明示する必要があります。

おわりに　心に残る不安を解消するには

「ウェブサービスを始めようとしているエンジニアや経営者の方が、利用規約を中心とした法的なポイントを1冊でひととおりつかめ、そして自分自身で利用規約が作れる本にしたい」

　そんな思いでこの本を書きましたが、ここまでお読みいただいた感想はいかがでしたでしょうか。

　限られた時間と能力の中で、執筆者一同が精一杯の努力をしましたが、一方で皆さんの心の中には、この本を読んでもなお、きっと拭いきれない不安が残っていると思います。なぜそう思うかというと、実のところ、普段利用規約を作ったり、その相談にのることが仕事の私たちも、常に同じ不安を抱いているからです。

　そこで、最後の仕上げとして、皆さんの心の中に残る不安をどのように解消して、リリース版の利用規約へと仕上げていけばいいのかについてお話しすることで、「おわりに」としたいと思います。

一人で考えこむよりも、まわりを巻き込む

　ウェブサービスにおいて利用規約の重要性が高いのは、それが多数のユーザーによって利用される・読まれるためです。ユーザーの数が多ければ多いほど、利用規約に対する監視と批判の目は厳しくなり、

「この規定の意味がわからない」
「この規定とこの規定は矛盾しているのではないか」

と、ユーザーからの指摘の数も質も高まるものです。経験上、ユーザーが1万人を超えだすと、ほぼ例外なく、ユーザーから利用規約に基づいたクレームが寄せられはじめます。

　こういった、利用規約をよく読んで質問を投げかけてくるユーザーは、対応する側として厄介なものです。しかし、これは「逆もまた真なり」というこ

とでもあります。つまり、リリースをする前にサービスのベータテストをするように、できるだけ多くの友人・知人に利用規約の「レビュアー」になってもらい、ユーザーの目線でベータ版の利用規約を読んでもらえばいいのです。

　そして、読んでいて「よくわからない」「なにか曖昧になっている」と感じる部分をメモし、互いに意見交換をしましょう。必ずといっていいほど、作った人だけでは気づかない、もしくは作った人だからこそ抜けてしまう視点について、発見があるはずです。そこから直し、またレビューを受けて……というサイクルを繰り返すことによって、利用規約の完成度は高まっていきます。

弁護士・法務担当者と本音で話す

　もちろん、レビューの中心を担うべき役割は私たち弁護士・法務担当者です。しかし、レビューのたびに私たちは怯えています。「私たちが想像できていないリスクが隠れているのではないか」という恐怖に対してです。一方、経営者・エンジニアであるみなさんも相談にいらっしゃるときは、相当に緊張されると聞きます。これではお互いの会話がギクシャクするだけで、不幸な結果しか生みません。

　そこで、私たち弁護士・法務担当者が「こういう風に相談してくれればいいのに！」といつも思っている３つのホンネをお伝えします。

❶ 相談にあたって、知らない法律があるのは当然

　日本には、どのくらいの数の法令があるか、ご存知でしょうか。答えは、2024 年１月時点で、9000 超です。これだけ膨大な数の法令が存在するわけですから、その内容をすべてを把握している人は、弁護士や法律を専門分野とする学者にもいないはずです。

　ですから、経営者・エンジニアであるみなさんであればなおさら、最初に相談にいらした時点で、どの法律が適用されるかや、その内容を知っている必要はありませんし、そこに気後れを感じる必要もありません。ウェブサービスを企画・運営するにあたって気にしなければならない法律は、この本で繰り返し述べてきたように、たくさんあります。また、昔ながらのビジネスである建設業や製造業に関する法規制と違って、ウェブサービスの実態に法律が追いつけていない部分すら少なくありません。そのため、私達弁護士・法務担当者も、「みなさんがビジネスに関わる法律がわからなくても当然」と

おわりに

いう姿勢で相談をお受けします(たまにそうではない高圧的な態度を取る弁護士・法務担当者がいるのも事実ではありますが、そういった人は例外なく本人の能力に問題がある人ですので、相談相手を変えたほうが良いでしょう)。

　もちろん、あきらかに違法なサービスを、誤ったベンチャースピリットに基づいて確信犯的に進めようとする相談者には厳しい態度で臨まざるを得ません。しかし、真摯にサービスに向き合っている相談者の方に対し、法律を知らないことを馬鹿にしたり、怒ったりすることは決してありません。ぜひリラックスして、わからないこと、不安なことについて、ざっくばらんに話をしてほしいと思っています。

❷ サービスのありのままの現状と、将来のビジョンを、できる限り教えてほしい

　法律を知らなくていい代わりに、皆さんにきちんと整理をしておいていただきたいことがあります。それは「サービスのありのままの現状」そして「経営者・エンジニアとして思い描いている、将来こんなこともやりたいというビジョン」です。一番相談の後味が悪いのが、

- 相談にのったときには「収集しない」と確認していたはずの個人情報を収集していた
- 予定になかったユーザー間の通信機能が組み込まれていた
- 無料の広告モデルのサービスだったはずが、ユーザーに課金をするサービスになっていた

といった、「それは聞いてないですよ」というパターンです。経営者・エンジニアであるみなさんも、弁護士や法務担当者をだますつもりではないのだと思いますが、利用規約は、みなさんが扱っているプログラムのコードと同じく、前提が変われば内容も変えなければならないものなのです。その利用規約を作成する際のヒアリングにおいて、「あまり伝えすぎるとサービスを理想の形でリリースできなくなるんじゃないか」といった心配をして、懸念事項があるのに聞かれない限り教えていただけなかったり、質問をされも「検討中です」といった具合にはぐらかしてしまう相談者も少なくありません。

　しかし、むしろそういった懸念事項のようなネガティブな要素こそ、みなさんから積極的に開示して相談してほしいのです。そうすれば私たちは、そういった実直なリスクコミュニケーションをしてくれる方には「アイデアやイ

ノベーションの可能性をできるだけ無駄にせずに、しかしリスクは利用規約によってできるだけ最小化しよう」という発想で、対応策を考えます。

プログラムのコードに言語仕様に反した記載があれば、エディタやコンパイラが記載のエラーを検知してくれます。しかし、利用規約が法律を踏み外していても、だれにも気づかれないまま、サービスは走り続けてしまいます。利用規約にはプログラムのコードと違い、エラーを検知する仕組みがないのです。そのため、サービスが成長し「さあ、これから」と勢いづいたころに、ユーザーや監督官庁がそれに気づき、ストップをかけられるといった事態が発生してしまいます。そして、そのときにはもう取り返しのつかないことになっていることも少なくありません。そのような事態を避けるためには、弁護士・法務担当者と、経営者・エンジニアが力を合わせてリスクを潰していくという協力関係が不可欠なのです。

❸ リスク対応は、利用規約だけでなく、サービス側でもできることをやり尽くしてほしい

ここまで学んできたように、利用規約は作り方・使い方によっては私たちを守ってくれる「防具」となってくれるものです。しかし、

「サービスでどうにも解決できないリスクも、利用規約がすべて解消してくれる」

といった、過度な期待は禁物です。

法律というものは、人間社会における公平・公正・正義が守られるために作られています。「ビジネスに成功して儲ける・人に認められる」というチャンスがあるところには、必ず「失敗して負債を負う・炎上して放逐される」というリスクが対になって存在します。「利用規約を一方的に有利に作ることで、リスクを消してうまいことやろう」「ごまかして自分たちだけ儲けよう」と企むウェブサービス事業者に対し、社会が容赦なく非難を浴びせてきた事例は、この本でいくつもご紹介してきたとおりです。

安易に利用規約によるリスクヘッジを考える前に、まず

「サービスをもっと良いものにできないか?」

すなわち「武器を磨くために、何をすべきか?」を考え抜くことを忘れない

でください。

　それでも消せないリスクがあれば、「そのリスクをどの程度利用規約によって小さくできれば、チャンスに賭けるつもりがあるのか」といった視点で相談していただけると、コミュニケーションがしやすくなります。そういった姿勢がまったくない経営者・エンジニアと話していると、私たちは

「この利用規約がたとえウェブサービス事業者側に有利に作れたとしても、このサービスは成功しないだろうな……」

と内心思ってしまいます。実際、ユーザーもそのような姿勢を見透かして、サービスを利用しなくなることでしょう。

　たしかに、この本でもご紹介してきた消費者契約法に代表されるいくつかの法律は、一見するとユーザーにばかり有利にできているように見えます。しかし、エンジニアが「より良いものへ」と考えに考え抜いて設計・運営しているサービスに残ったリスクならば、もしかすると、事業者とユーザーの公平の観点から、利用規約によって免責が認められるリスクとして評価されるかもしれないのです。

利用規約の限界を乗り越えるための「Kiyaku by Design」

　防具としての利用規約にも、私たち弁護士・法務担当者のサポートにも、自ずと限界はあります。ユーザーが利用規約で同意したからといって、法律が禁止していることが実現できるわけではありませんし、排除できないリスクも存在するからです。

　たとえば、「私を殺していいです。一切恨みません。」という契約書にハンコをついてもらっても、本当に殺してしまったら殺人罪になります。それと同様、「当社が証券会社でないことを承知で当社を経由し株を取引することに同意します」という利用規約を作っても、株を売買するウェブサービスは無免許のままではリリースできません。個人情報を大量に扱うビジネスで、個人情報漏えいによる炎上・損害賠償リスクを排除することも、利用規約によっては回避不可能です。

　情報セキュリティやプライバシーの世界では「Privacy by Design」という言葉がキーワードになっています。プライバシー侵害のリスクを低減するため

に、システムの開発において事前にプライバシー対策を考慮し、企画から保守段階までのライフサイクルで一貫した取り組みを行うことをこう言うのです。これは、もはや、情報セキュリティやプライバシーの問題を解決するのは、そのことだけを専門に考える人たちの仕事ではなくなってしまい、サービス企画・設計者の仕事になったことを意味しています。

　同様に、法律やリスクの観点からどうにもならないサービスを作らないためには、サービスの創造主であるエンジニアや経営者のみなさん自身が問題意識を持ち、最低限の法律・契約の知識を身につけ、それに沿ってウェブサービスを企画・開発・運営することが求められる時代が近く到来することでしょう。Privacy by Design になぞらえれば、「Kiyaku by Design」といったところでしょうか。自らこの本を手にとってくださったみなさんは、そういった意識を持った先駆けたる存在と言えるでしょう。

　このことはある意味、法律と契約の世界で糧を得てきた弁護士や法務担当者にとっては脅威でもあります。近い将来、私たちの仕事の一部がなくなるであろうことを意味しているからです。

　しかし私たち執筆者一同は、それに役立つ経験や知識を出し惜しむことなく、みなさんと共有できればと思っています。それは、私たち自身が、1つでも多くのウェブサービスが優秀な経営者・エンジニアによって生み出され、それによって人生を楽しく・豊かに過ごしたいと思うユーザーの1人でもあるからです。

　そんな思いをご理解いただき、この本を新しいイノベーティブなサービスを作る際の友としていただければ、執筆者として望外の喜びです。

　最後に、この本の執筆にあたりご協力・ご助言いただきましたすべての皆様に感謝を申し上げます。特に、初期の利用規約のひな形案について具体的なアドバイスをくださった小野斉大さん、竹井大輔さん、辻村千尋さん、平林健吾さん、第2版（改定新版）のプライバシーポリシーひな形改訂案に有益なご意見をくださった松浦隼生さん、ma.la さん、第3版に追加した論点にアドバイスを頂いた世古修平さん、柿沼太一さん、杉山圭太さん、そして編集を務めてくださった傳智之さん、秋山絵美さん、藤本広大さん、以上の皆様に、この場を借りて御礼申し上げます。

雨宮美季、片岡玄一、橋詰卓司

索引

〈著者プロフィール〉

雨宮美季（あめみや みき）

　2001年弁護士登録。司法研修中から創業に関わっていたITベンチャーに社内弁護士として参画し、ECサイトの立ち上げなどに関わる。2002年6月にAZX Professionals Groupに入所。スタートアップをクライアントとする各種契約書、利用規約等のレビューおよび作成、ビジネススキームの適法性の検討などの経験を積み、2008年9月、パートナー就任。経済産業省 スタートアップ新市場創出タスクフォース構成員。

　起業家・ベンチャー関係者向けに、利用規約、プライバシーポリシー、サービスの適法性などに関するセミナー・執筆などを数多く行っている。

片岡玄一（かたおか げんいち）

　ブログ『企業法務について』管理人。SIer、移動体通信キャリア、スタートアップなどを経て、現在は株式会社KADOKAWAで法務を担当。

　ウェブサービス事業会社をはじめとした複数の会社での法務経験やiOS・Windows向けアプリの開発経験を活かし、エンジニアと法務の架け橋になるべく日々鍛錬中。

【ブログ】http://blog.livedoor.jp/kigyouhoumu/

橋詰卓司（はしづめ たくじ）

　ブログ『企業法務マンサバイバル』管理人。衛星通信キャリア、人材サービス、アプリサービス業等を経て、現在は弁護士ドットコム株式会社で新規事業企画及び政策企画を担当。

　著書として『ライセンス契約のすべて 実務応用編』（第一法規、共著）、『新アプリ法務ハンドブック』（日本加除出版、共著）、『ChatGPTの法律』（中央経済社、共著）等がある。

【ブログ】http://blog.livedoor.jp/businesslaw/

■お問い合わせについて

　本書に関するご質問は、FAXか書面でお願いいたします。電話での直接のお問い合わせにはお答えできません。あらかじめご了承ください。また、下記のWebサイトでも質問用フォームを用意しておりますので、ご利用ください。

　ご質問の際には以下を明記してください。

・書籍名
・該当ページ
・返信先（メールアドレス）

　ご質問の際に記載いただいた個人情報は質問の返答以外の目的には使用いたしません。

　お送りいただいたご質問には、できる限り迅速にお答えするよう努力しておりますが、お時間をいただくこともございます。なお、ご質問は本書に記載されている内容に関するもののみとさせていただきます。

■問い合わせ先

〒162-0846
東京都新宿区市谷左内町21-13
株式会社技術評論社　書籍編集部

良いウェブサービスを支える「利用規約」の作り方【改訂第3版】　係

FAX：03-3513-6183
Web：https://gihyo.jp/book/2024/978-4-297-14039-7

【装丁・本文デザイン】
竹内雄二
【DTP】
SeaGrape
【編集】
傳 智之、秋山絵美、藤本広大（技術評論社）

良いウェブサービスを支える
「利用規約」の作り方【改訂第3版】

2013年4月25日　初　版　第1刷発行
2024年3月 8日　第3版　第1刷発行

著　者　　雨宮美季、片岡玄一、橋詰卓司

発行者　　片岡巌

発行所　　株式会社技術評論社
　　　　　東京都新宿区市谷左内町21-13
　　　　　電話　03-3513-6150　販売促進部
　　　　　　　　03-3513-6166　書籍編集部

印刷・製本　日経印刷株式会社

定価はカバーに表示してあります。
本書の一部または全部を著作権法の定める範囲を超え、無断で複写、複製、転載、テープ化、ファイルに落とすことを禁じます。

造本には細心の注意を払っておりますが、万一、乱丁（ページの乱れ）や落丁（ページの抜け）がございましたら、小社販売促進部までお送りください。送料小社負担にてお取り替えいたします。